1 かけ算のきまり
0のかけ算

[どんな数に0をかけても、また、0にどんな数をかけても、答えは0になります。]

❶ たけるさんが点とり遊びをしたら、下のようになりました。

□にあてはまる数を書きましょう。 📖教上13ページ❶　　40点(1つ5)

入ったところ	3点	2点	1点	0点
入った数(こ)	4	0	2	3

① 3点、2点、1点、0点のそれぞれのところのとく点をもとめましょう。

$$3 × 4 = 12（点）$$

$$2 × \boxed{ア} = \boxed{イ}（点）$$

$$1 × \boxed{ウ} = \boxed{エ}（点）$$

$$0 × \boxed{オ} = \boxed{カ}（点）$$

0のときも、かけ算の式にできるんだよ。

② どんな数に0をかけても、答えは $\boxed{キ}$ になります。

また、$\boxed{ク}$ にどんな数をかけても、答えは0になります。

❷ 計算をしましょう。 📖教上14ページ◇　　60点(1つ10)

① 2×0

② 9×0

③ 4×0

④ 0×8

JN100903

⑤ 0×10

⑥ 0×0

1　かけ算のきまり
かけ算のきまり

[かけ算では、かける数が1ふえると、答えはかけられる数だけ大きくなります。]

❶ □にはあてはまる数を、（　）にはあてはまる言葉を書きましょう。

📖教 上15〜16ページ　45点(1つ5)

①　かけ算では、かける数が1ふえると、

　答えは（ かけられる数 ）だけ大きくなります。

②　8×7の答えは、8×6の答えより □ 大きい。

③　6×8の答えは、6×□ の答えより6小さい。

④　7×9=7×8+□　　　⑤　6×5=6×□−6

⑥　3×7=3×□+3　　　⑦　5×8=□×5

⑧　6×7=7×□　　　　⑨　4×8=4×9−□

[かけられる数やかける数を分けて計算しても、答えは同じになります。]

❷ □にあてはまる数を書きましょう。　📖教 上18ページ◈　55点(1つ11)

①　8×7=(8×5)+(8×□)

②　5×9=(5×6)+(□×3)

③　9×6=(4×6)+(□×6)

④　7×6=(□×6)+(3×6)

⑤　4×9=(4×□)+(4×7)

分配のきまり
といいます。

教科書 📖 上15〜19ページ

1 かけ算のきまり
何十、何百のかけ算

[かけられる数が何十、何百のかけ算では、10 や 100 をもとにして考えます。]

❶ 1こ 40円のあめを 3こ買いました。代金の計算のしかたを考えます。

□にあてはまる数を書きましょう。　教上20ページ❺　　25点(1つ5)

代　金　| 40円 | 40円 | 40円 | (円)
あめの数　0　1　2　3(こ)

① 40円は、10円の「ア□」こ分です。

② もとめる代金は、10円が「イ□」×「ウ□」=「エ□」こ分になります。

③ 代金は「オ□」円になります。

❷ 300×5 の計算のしかたを考えます。

□にあてはまる数を書きましょう。　教上20ページ❻　　25点(1つ5)

① 300は、100の「ア□」こ分です。

② もとめる答えは、100が「イ□」×「ウ□」=「エ□」こ分になります。

③ 答えは「オ□」になります。

❸ 計算をしましょう。　教上20ページ④　　50点(1つ10)

①　30×2　　　　　　　　②　10×9

③　80×3　　　　　　　　④　400×7

⑤　700×6

教科書 上20ページ

1 かけ算のきまり
3つの数のかけ算／かけ算を使って

答え 81ページ

[前からじゅんにかけても、後の2つを先にかけても、答えは同じになります。]

✎よく読んで!✎

1 ペンを3本ずつたばにします。
このペンを、1人に2たばずつ配（くば）ります。
配る人数は6人です。ペンは全部（ぜんぶ）で何本いるでしょうか。
□にあてはまる数を書きましょう。 📖教 上21ページ**7**

50点(1つ10)

① 1人分のペンの本数を先に計算するときの式（しき）は

　□(ア)×□(イ)×6 になります。

② 6人分のペンのたばの数を先に計算するときの式は

　3×(□(ウ)×□(エ))になります。

③ ペンは、全部で□(オ)本いります。

2 8×5×2を計算します。 📖教 上21ページ**5**　　　20点(式5・答え5)

① 前からじゅんに計算するときの式と答えを書きましょう。

式

　　　　　　　　　　　答え (　　　　　　　　　)

② 後の2つを先に計算するときの式と答えを書きましょう。

式

　　　　　　　　　　　答え (　　　　　　　　　)

3 計算をしましょう。 📖教 上21ページ　　　20点(1つ10)

① 10×2×3　　　　② 40×3×2

4 □にあてはまる数を書きましょう。 📖教 上22ページ　　　10点(1つ5)

① 6×□=36　　　　② □×7=42

教科書 📖 上21〜22ページ

2 時こくと時間 ……(1)

[時計のはりがどれだけ動いたかを考えて、時こくをもとめます。]

❶ さゆりさんたちは公園に遊びに行きました。公園に着いた時こくは午後3時40分でした。公園で遊んでいた時間は55分間です。さゆりさんたちが公園を出た時こくは何時何分でしょうか。　📖教上27ページ❶　20点

(　　　　　　　　)

❷ 次の時こくをもとめましょう。　📖教上29ページ　　40点(1つ10)

①　午後2時45分から30分後の時こく　　(　　　　　　)

②　午前8時50分から45分後の時こく　　(　　　　　　)

③　午前11時40分の25分前の時こく　　(　　　　　　)

④　午後7時15分の40分前の時こく　　(　　　　　　)

✓よく読んで!

❸ まさとさんは、家から歩いて図書館に行きました。家を出た時こく、図書館に着いた時こく、図書館を出た時こくを調べました。　📖教上33ページ❸、❹　40点(1つ20)

家を出た
時こく

図書館に
着いた
時こく

図書館を
出た
時こく

①　家を出てから図書館を出るまでの時間は何時間何分でしょうか。

(　　　　　　)

②　まさとさんが図書館にいた時間は何分間でしょうか。

(　　　　　　)

2　時こくと時間　……(2)
短い時間の単位

[1分より短い時間をはかる単位は秒です。60秒は1分です。]

1　□にはあてはまる数を、( )にはあてはまる言葉を書きましょう。

📖教 上34ページ　40点(1つ10)

①　1分より短い時間をはかるには、(　秒　)という単位を使います。

②　1分は □ 秒です。

③　2分10秒は □ 秒です。

④　85秒は1分 □ 秒です。

85秒は、
60秒と25秒を
あわせた時間だね。

2　どちらの時間が長いでしょうか。　📖教 上34ページ　30点(1つ10)

①　(2分20秒、130秒)　　②　(170秒、3分)

(　　　　)　　　　　　(　　　　)

③　(9分、360秒)

(　　　　)

3　( )にあてはまる単位を書きましょう。　30点(1つ10)

①　きゅう食の時間　　　　　　45 (　　　　)

②　100mを走るのにかかった時間　18 (　　　　)

③　1日にねる時間　　　　　　9 (　　　　)

教科書 📖 上34ページ

3 たし算とひき算
たし算 ……(1)

答え 82ページ

[2けたのときと同じように、一の位からじゅんに計算します。]

① 右の計算のしかたを考えます。□にあてはまる数を書きましょう。 📖教上40ページ　　30点(1つ5)

$$\begin{array}{r} 2\ 4\ 9 \\ +\ 4\ 2\ 3 \\ \hline \end{array}$$

① 一の位の計算は 9＋3＝ ⑦□ ですから、

十の位に、 ⑦□ くり上げます。

② 十の位の計算は 1＋⑦□＋2＝㋓□ です。

③ 百の位の計算は 2＋4＝㋔□ です。

④ この計算の答えは、249＋423＝㋕□ となります。

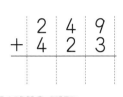

3けたの数のたし算も2けたのときと同じように計算するんだね。

② 筆算でしましょう。 📖教上41ページ①、✎、② 　　30点(1つ10)

① 163＋423

$$\begin{array}{r} 1\ 6\ 3 \\ +\ 4\ 2\ 3 \\ \hline \end{array}$$

② 313＋428

③ 677＋217

⚠️ミスに注意!

③ 計算をしましょう。 📖教上41ページ②、✎、④ 　　40点(1つ8)

① 　243
　+395

② 　172
　+476

③ 　574
　+254

④ 　357
　+268

⑤ 　474
　+388

百の位に1くり上がる計算ですね。

時間 15分 | 合かく 80点 /100 | 月 日

サクッと こたえ あわせ

答え 82ページ

3 たし算とひき算
たし算
......(2)

[百の位の計算が 10 をこえるときには、千の位にくり上げます。]

1 筆算でしましょう。 📖教 上44ページ❸、⑤、⑥　　24点(1つ8)

① 526+632

```
    5 2 6
 +  6 3 2
```

② 437+725

③ 387+938

⚠ミスに注意!

2 計算をしましょう。 📖教 上44ページ❸、⑤、⑥　　40点(1つ8)

① 668
  +521

② 423
  +679

③ 542
  +487

④ 673
  +589

⑤ 827
  +176

3 計算をしましょう。 📖教 上44ページ❹、⑦、⑧　　36点(1つ9)

① 5236+2419

```
    5 2 3 6
 +  2 4 1 9
```

② 3685+4278

③ 1257
  +5958

④ 2995
  +2859

4けた＋4けたも 同じように計算 できるね。

教科書 📖 上44ページ

3 たし算とひき算
ひき算 ……(1)

[2けたのときと同じように、一の位からじゅんに計算します。]

❶ 右の計算のしかたを考えます。□にあてはまる数を
書きましょう。 📖教上45〜46ページ 20点(1つ5)

$$\begin{array}{r} 6\ 3\ 2 \\ -\ 2\ 1\ 7 \\ \hline \end{array}$$

① 一の位の計算をします。2から7はひけないので
十の位から１くり下げて計算します。

$12-7=\boxed{}^{ア}$ となります。

② 十の位の計算は一の位に１くり下げたので、$3-1-1=\boxed{}^{イ}$ です。

③ 百の位の計算は $6-2=\boxed{}^{ウ}$ となります。

④ この計算の答えは、$632-217=\boxed{}^{エ}$ となります。

❷ 筆算でしましょう。 📖教上47ページ❻、⑫、⑬、⑭ 30点(1つ10)

① $815-463$

$$\begin{array}{r} 8\ 1\ 5 \\ -\ 4\ 6\ 3 \\ \hline \end{array}$$

② $264-179$

③ $911-731$

⚠️ミスに注意!

❸ 計算をしましょう。 📖教上47ページ❻、⑫、⑬、⑭ 50点(1つ10)

① $\begin{array}{r} 428 \\ -256 \\ \hline \end{array}$

② $\begin{array}{r} 746 \\ -381 \\ \hline \end{array}$

③ $\begin{array}{r} 523 \\ -346 \\ \hline \end{array}$

④ $\begin{array}{r} 325 \\ -\ \ 47 \\ \hline \end{array}$

⑤ $\begin{array}{r} 430 \\ -168 \\ \hline \end{array}$

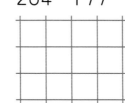

十の位、百の位から
じゅんにくり下げて
計算できますね。

3　たし算とひき算

ひき算　　　　　　　　　　　　……(2)

[くり下げられないときは、大きな位からじゅんにくり下げます。]

❶ 右の計算のしかたを考えます。□にあてはまる数を

書きましょう。　📖教上49ページ**❾**、◆、◈　40点(1つ8)

```
  1 4 0 2
-   8 3 8
```

①　一の位の計算をします。2から8はひけないので、

百の位から十の位に1くり下げて、次に一の位に

1くり下げて計算します。12−8=⬚ ⑦ となります。

②　十の位の計算は一の位に1くり下げたので、10−1−3=⬚ ⑦ です。

③　百の位は、1くり下げたので、4−1=⬚ ⑦ になります。

3から8はひけないので、千の位から百の位に1くり下げて

計算します。13−8=⬚ ⑦ です。

④　この計算の答えは、1402−838=⬚ ⑦ となります。

❷ 計算をしましょう。　📖教上47ページ**❼**、48〜49ページ　60点(1つ5)

①
```
  406
-128
```

②
```
 1000
- 837
```

③
```
  600
-205
```

④
```
 1176
- 825
```

⑤
```
 2321
- 511
```

⑥
```
 3503
- 862
```

⑦
```
 3004
- 568
```

⑧
```
 1004
- 927
```

⑨
```
 1322
- 631
```

⑩
```
 2687
-1365
```

⑪
```
 5782
-2591
```

⑫
```
 7323
-4819
```

時間 15分 | 合かく 80点 | /100

月 日

答え 83ページ

3 たし算とひき算
たし算とひき算の暗算

[たす数を2つに分けて、たし算の暗算をします。]

① 69＋14 の暗算のしかたを考えます。□にあてはまる数を書きましょう。

📖教 上50ページ⓫　25点(1つ5)

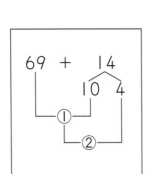

69 ＋ 14
10　4
①
②

① まず、⟨ア⟩□ を 10 と 4 に分けて、⟨イ⟩□ と 10 をたします。

69＋10＝⟨ウ⟩□

② 次に①の答えと4をたします。

この暗算の答えは ⟨エ⟩□＋4＝⟨オ⟩□ です。

[ひく数を2つに分けて、ひき算の暗算をします。]

② 73－36 の暗算のしかたを考えます。□にあてはまる数を書きましょう。

📖教 上50ページ⓬　25点(1つ5)

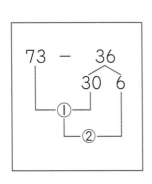

73 － 36
30　6
①
②

① まず、36 を ⟨ア⟩□ と ⟨イ⟩□ に分けて、73 から 30 をひきます。

73－30＝⟨ウ⟩□

② 次に①の答えから6をひきます。

この暗算の答えは ⟨エ⟩□－6＝⟨オ⟩□ です。

⚠️ミスに注意!

③ 暗算でしましょう。　📖教 上50ページ◇　50点(1つ10)

① 28＋36

② 47＋15

③ 75－19

④ 36－21

⑤ 91－45

28＋36 は 36 を
30 と 6 に分けて
計算できるね。

教科書 📖 上50ページ

3　たし算とひき算

計算のくふう

1 次の式をくふうして計算します。□にあてはまる数を書きましょう。

📖教 上51ページ⓭　30点(1つ5)

① 350＋198 の計算のしかたを考えます。

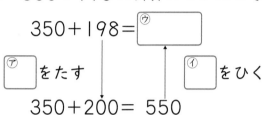

$$350＋198＝ \boxed{⑦}$$

$$\boxed{⑦} をたす \qquad \boxed{⑦} をひく$$

$$350＋200＝ 550$$

198に2をたして
計算したから、答
えから2をひいて
いるんですね。

② 1000－623 の計算のしかたを考えます。

$$1000－623＝ \boxed{⑦}$$

$$\boxed{⑦} をひく \qquad \boxed{⑦} をたす$$

$$999－623＝ 376$$

1000から1をひいて
計算したから、答えに
1をたしているんだね。

2 くふうして計算しましょう。📖教 上51ページ　40点(1つ10)

① 160＋497

② 798＋230

③ 900－783

④ 700－495

3 くふうして計算しましょう。📖教 上52ページ　30点(1つ10)

① 633＋231＋69

② 288＋423＋112

③ 396＋218＋182

たし算では、
たすじゅん番を
かえても答えは
同じだよ。

教科書 📖 上51〜52ページ

答え 83ページ

3　たし算とひき算

1 筆算でしましょう。　　　　　　　　　　　　　　　　21点(1つ7)

① 632＋187　　② 504＋250　　③ 415－289

2 計算をしましょう。　　　　　　　　　　　　　　　　45点(1つ5)

① 615
　+188

② 267
　+675

③ 439
　−176

④ 3119
　+4098

⑤ 5715
　+2995

⑥ 1003
　−　298

⑦ 846
　+389

⑧ 1506
　−　728

⑨ 6251
　−3369

3 くふうして計算しましょう。　　　　　　　　　　　　14点(1つ7)

① 594＋213　　　　② 649＋78＋251

╲よく読んで！╱

4 北小学校の小学生の人数は 524 人で、南小学校の小学生の人数は 486 人です。2 つの小学校の人数のちがいは何人でしょうか。

　　　　　　　　　　　　　　　　　　　　　20点(式10・答え10)

式

答え（　　　　　　　　）

4 わり算
分けられる数はいくつ ......(1)

[同じ数ずついくつに分けられるかを考えるとき、わり算の式になります。]

❶ あめが 18 こあります。1ふくろに6こずつ入れると、3ふくろに分けられます。
□にあてはまる数を書きましょう。 教 上57ページ❶ 40点(1つ10)

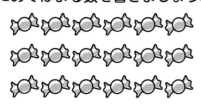 →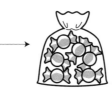

① ⑦18 こを ⑦6 こずつ分けると、3つに分けられます。

② このことを式で書くと、18÷ ⑦□ = ⑦□ となり、この計算を
わり算といいます。

❷ おかしが 24 こあります。1ふくろに4こずつ入れると、何ふくろに分
けられるでしょうか。わり算の式に表し、答えをもとめましょう。

教 上57ページ❶、58ページ①
30点(式20・答え10)

式

答え（　　　　　　　　　）

❸ ボタンが 14 こあります。2こずつふくろに入れると、何ふくろに分け
られるでしょうか。わり算の式に表し、答えをもとめましょう。

教 上57ページ❶、58ページ① 30点(式20・答え10)

式

答え（　　　　　　　　　）

教科書 上56〜58ページ

4　わり算
分けられる数はいくつ　　　……(2)

❶ 色紙が 28 まいあります。 1 人に 7 まいずつ配ると何人に分けられるでしょうか。
□ にあてはまる数を書きましょう。　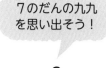　60点(1つ5)

①　式を書くと、28 ÷ [ア7] になります。

②　答えの見つけ方を考えます。

7のだんの九九
を思い出そう！

7まいずつ
1人分

7まいずつ
2人分

7まいずつ
3人分

7まいずつ
4人分

7 × [イ] = [ウ]

7 × [エ2] = [オ14]

7 × [カ] = [キ]

7 × [ク] = [ケ]

③　28 ÷ [コ7] の答えは [サ] で、色紙は [シ] 人に分けられます。

❷ えん筆が 24 本あります。 1 人に 3 本ずつ配ると何人に分けられるで
しょうか。　　20点(式10・答え10)

式

答え（　　　　　　　　）

❸ グミが 30 こあります。 1 人に 5 こずつ配ると何人に分けられるでしょ
うか。　　20点(式10・答え10)

式

答え（　　　　　　　　）

4　わり算
｜人分はいくつ

......(1)

サクッと
こたえ
あわせ
答え **84**ページ

[同じ数ずつ分けるときの｜人分を考えるとき、わり算の式になります。]

1 あめが **18**こあります。**6**人で同じ数ずつ分けると、｜人分は **3**こになります。

📖教 上60〜61ページ**3**　　40点(1つ8)

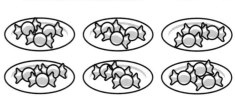

① ⟦ア⟧**18** こを ⟦イ⟧**6** 人で同じ数ずつ分けると、｜人分は3こになります。

② このことを式で書くと、18÷6＝⟦ウ⟧　　となり、

この式で、18を ⟦エ⟧**わられる数** 、6を ⟦オ⟧**わる数** といいます。

2 おかしが **24**こあります。**6**人で同じ数ずつ分けると、｜人分は何こになるでしょうか。わり算の式に表し、答えをもとめましょう。

📖教 上61ページ◈
30点(式20・答え10)

式

答え（　　　　　　　　）

3 あめが **16**こあります。**2**人で同じ数ずつ分けると、｜人分は何こになるでしょうか。わり算の式に表し、答えをもとめましょう。

📖教 上61ページ◈　30点(式20・答え10)

式

答え（　　　　　　　　）

教科書📖 上**60〜61**ページ

4 わり算
１人分はいくつ
……(2)

❶ ノートが 15 さつあります。5人で同じ数ずつ分けると、1人分は何さつになるでしょうか。□にあてはまる数を書きましょう。　📖教上62ページ❹　54点(1つ6)

① わり算の式(しき)に表(あらわ)すと　15÷[ア]となります。

② 答えのもとめ方を考えます。

1さつずつ
5人分

2さつずつ
5人分

3さつずつ
5人分

1 ×5=[イ]

[ウ]×5=[エ]

[オ]×5=[カ]

③ 15÷5の答えは、[キ]のだんの九九でもとめられます。

④ 15÷5の答えは[ク]で、1人分は[ケ]さつになります。

❷ トマトが 42 こあります。　📖教上62ページ④　46点(式13・答え10)

① 7人で同じ数ずつ分けると、1人分は何こになるでしょうか。
式

答え（　　　　　　　）

② 6人で同じ数ずつ分けると、1人分は何こになるでしょうか。
式

答え（　　　　　　　）

教科書📖 上62ページ

4 わり算
2つの分け方

① 6÷3の式になる問題をつよしさんが考えました。□にあてはまる数を書きましょう。 📖教 上63ページ5　　　　20点(1つ5)

① ［ア　　　］このおかしを、1人［イ　　］こずつ配ると、何人に分けられるでしょうか。

② ［ウ　　　］さつのノートを、［エ　　］人で同じ数ずつ分けると、1人分は何さつになるでしょうか。

② 計算をしましょう。 📖教 上64ページ6　　　　50点(1つ10)

① 9÷3　　　　　② 25÷5

③ 18÷2　　　　④ 32÷8

⑤ 56÷7

> 答えは、わる数のだんの九九を使ってもとめることができるよ。

③ 長さ54cmのリボンがあります。 📖教 上64ページ6　　　　30点(式10・答え5)

① 54cmのリボンを9cmずつ切ると、9cmのリボンは何本できるでしょうか。
式

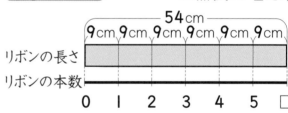

リボンの長さ
リボンの本数
54cm
9cm 9cm 9cm 9cm 9cm 9cm
0　1　2　3　4　5　□

答え（　　　　　　　　　）

② 54cmのリボンを同じ長さに9本に分けると、1本分は何cmになるでしょうか。
式

> ②の問題も①のように図を使って考えてみましょう。

答え（　　　　　　　　　）

教科書 📖 上63〜64ページ

4 わり算
0や1のわり算

[0を、0でないどんな数でわっても、答えは0になります。]

1 箱の中のチョコレートを、5人で同じ数ずつ分けます。チョコレートの数が次の①から③のとき、1人分は何こになるでしょうか。□にあてはまる数を書きましょう。 📖教 上65ページ**7**　　　　　　　　　　45点(1つ5)

① チョコレートが 10 このとき　式 ⑦10 ÷5= ⑦2　答え ⑦□ こ

② チョコレートが5このとき　式 ⑦5 ÷5= ⑦□　答え ⑦□ こ

③ チョコレートが0このとき　式 ⑦□ ÷5= ⑦□　答え ⑦□ こ

2 箱の中のチョコレートを、1人に1こずつ配ります。

チョコレートの数が次の①〜③のとき、何人に分けられるでしょうか。□にあてはまる数を書きましょう。 📖教 上65ページ**8**　　　　　　　45点(1つ5)

① チョコレートが9このとき　式 9÷ ⑦□ = ⑦□　答え ⑦□ 人

② チョコレートが4このとき　式 4÷ ⑦□ = ⑦□　答え ⑦□ 人

③ チョコレートが0このとき　式 0÷ ⑦□ = ⑦□　答え ⑦□ 人

⚠ミスに注意!

3 計算をしましょう。 📖教 上65ページ⑦　　　　　　　10点(1つ2)

① 8÷8　　　② 0÷3　　　③ 5÷1

④ 0÷9　　　⑤ 3÷1

教科書 📖 上65ページ

サクッと
こたえ
あわせ

答え 84ページ

4　わり算
答えが2けたになるわり算

[30÷3 や 40÷4 などのわり算は 10 をもとにして考えます。]

❶ 80 このおかしを、4人で同じ数ずつ分けると、1人分は何こになるでしょうか。計算のしかたを考えます。□ にあてはまる数を書きましょう。

📖教 上66ページ❾　40点(1つ10)

① 　わり算の式に表します。

式 ⑦□ ÷ ⑦□

| 10 | 10 | 10 | 10 |
| 10 | 10 | 10 | 10 |

② 　10 をもとにして、計算します。
80 は、10 の8こ分です。
また、8÷4=2 です。
80÷4=⑦□ になり、1人分のおかしは ⑦□ こになります。

[39÷3 や 48÷4 などのわり算は位ごとに考えて計算できます。]

❷ 36 cm の紙テープがあります。3人で同じ長さずつに分けると、1人分は何 cm になるでしょうか。　📖教 上67ページ❿　20点(式10・答え10)

式

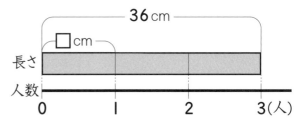

答え (　　　　　　　　　)

⚠️ミスに注意!

❸ 計算をしましょう。　📖教 上66ページ❾、67ページ❿　40点(1つ10)

①　30÷3　　　　　　②　80÷4

③　99÷9　　　　　　④　68÷2

教科書 📖 上66〜67ページ

時間 15分 | 合かく 80点 | /100

月 日

答え 84ページ

4 わり算

1 色紙が28まいあります。4まいずつ配ると、何人に分けられるでしょうか。

15点（式10・答え5）

式

答え（　　　　　　　　）

2 ふくろの中におかしが入っています。このおかしを4人で同じ数ずつ分けます。ふくろの中のおかしが、①、②のとき、1人分は何こになるでしょうか。

30点（式10・答え5）

① 32このとき、1人分のおかしの数をもとめる式と答えを書きましょう。

式

答え（　　　　　　　　）

② 36このとき、1人分のおかしの数をもとめる式と答えを書きましょう。

式

答え（　　　　　　　　）

3 $63 \div 7$ の式になる問題をつくります。□にあてはまる数を書きましょう。

10点（1つ5）

みかんが ⑦ □ こあります。 ⑦ □ 人で同じ数ずつ分けると、1人分のみかんの数は何こになるでしょうか。

4 計算をしましょう。

45点（1つ5）

① $9 \div 3$

② $14 \div 7$

③ $45 \div 5$

④ $16 \div 2$

⑤ $27 \div 9$

⑥ $72 \div 8$

⑦ $7 \div 7$

⑧ $0 \div 5$

⑨ $4 \div 1$

5 長さ
まきじゃく

[長いところや丸いところをはかるときは、まきじゃくを使うとべんりです。]

❶ 下のまきじゃくの⚑、⚓のめもりをよみます。（　）にはあてはまる単位を、□には
あてはまる数を書きましょう。　📖教上72ページ①　30点(1つ10)

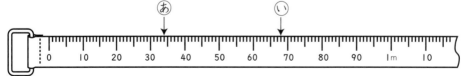

① ｜めもりは、｜（　　　　　　　）です。

② ⚑は □ cm です。　③ ⚓は □ cm です。

❷ 下のまきじゃくの①から③のめもりをよみましょう。　📖教上72ページ①

30点(1つ10)

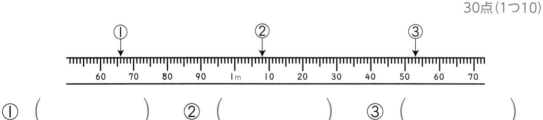

① （　　　　　）　② （　　　　　）　③ （　　　　　　　）

❸ 次の①から④の長さは、どの道具ではかるとよいでしょうか。
はかるのにべんりな道具をえらんで書きましょう。　📖教上72ページ①　40点(1つ10)

> 30cmのものさし・1mのものさし・2mのまきじゃく・10mのまきじゃく

① 学校のくつ箱の長さ　　② えん筆の長さ

（　　　　　　　）　　（　　　　　　　）

③ いすの高さ　　④ でんしんばしらの太さ

（　　　　　　　）　　（　　　　　　　）

教科書 📖 上71〜73ページ

きほんの
ドリル
23。

5 長さ
道のりときょり

時間 15分 | 合かく 80点 | /100

月 日

答え 85ページ

[km は長さの単位で、1 km＝1000 m です。]

❶ □にはあてはまる数を、（　）にはあてはまる単位を書きましょう。

📖教 上74ページ❷　40点（1つ10）

① ⁽ᵃ⁾ 1000 m を1キロメートルといい、1 ⁽ⁱ km ⁾と書きます。

② 3 km 200 m＝⁽ᵘ⁾□ m

③ ⁽ᵉ⁾□ km＝2000 m

❷ 下の地図を見て、道のりやきょりを調べましょう。

📖教 上74〜75ページ❷　60点（1つ15）

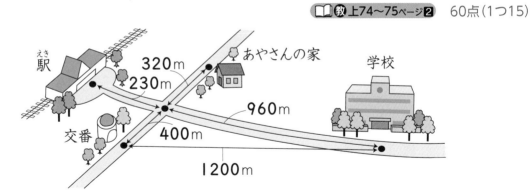

① 駅から学校までの道のりは、何 m でしょうか。

（　　　　　　）

② ①の道のりは、何 km 何 m でしょうか。

（　　　　　　）

③ あやさんの家から学校までの道のりは、何 m でしょうか。

（　　　　　　）

④ 学校から交番までのきょりは、何 m でしょうか。

（　　　　　　）

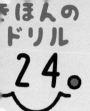

6　表とぼうグラフ
整理のしかた

サクッと
こたえ
あわせ

答え 85ページ

[しりょうの数を数えるには、「正」の字を使うとべんりです。]

❶ まさしさんたちが、10分間に学校の前を通る乗り物の
数を調べたら、右のようになりました。

📖数 上79〜82ページ　**100点(1つ10)**

乗用車	正正一
オートバイ	正
バス	下
トラック	正
タクシー	正
パトカー	一
きゅうきゅう車	一

① オートバイの「正」は、何台を表しているでしょ
うか。

(　　　　　)

② 下の表の㋐から㋕にあてはまる数を書きましょう。

しゅるい	乗用車	オートバイ	バス	トラック	タクシー	その他	合計
乗り物の数(台)	11	㋐	㋑	㋒	㋓	㋔	㋕

③ 数が少ないものは、「その他」にまとめました。
「その他」にはどんな乗り物が入るでしょうか。

(　　　　　　　　　　　　　)

④ 10分間に学校の前を通った乗り物の数の合計は何台でしょうか。

(　　　　　)

⑤ 数がいちばん多い乗り物は何でしょうか。

(　　　　　)

教科書 📖 上79〜82ページ

答え 85ページ

6　表とぼうグラフ
ぼうグラフ

[ぼうグラフに表すと、数がくらべやすくなります。]

1 下の表は、よしきさんとかなさんが、3年1組ですきなきゅう食について調べ、ぼうグラフに表したものです。　📖教上83ページ❸　　　60点(1つ20)

すきなきゅう食調べ

しゅるい	カレーライス	シチュー	ハンバーグ	スパゲッティ	その他
人数(人)	10	3	6	8	4

〈よしきさんのぼうグラフ〉〈かなさんのぼうグラフ〉

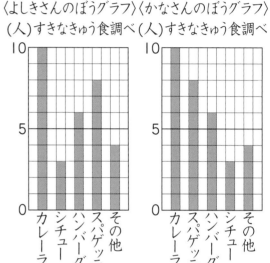

① たてのじくの1めもりは、何人を表しているのでしょうか。

（　　　　　　　）

② ハンバーグは、シチューより何人多いでしょうか。

（　　　　　　　）

③ よしきさんは、表のしゅるいのじゅんにぼうグラフをかいています。かなさんは、どんなじゅんにぼうグラフをかいているでしょうか。

（　　　　　　　　　　　　　　）

2 右のぼうグラフは、あみさんが4日間にお母さんのおてつだいをした時間を表したものです。　📖教上85ページ❹　　　40点(1つ20)

① 横のじくの1めもりは、何分を表しているでしょうか。

（　　　　　　　）

② 8月2日は何分間おてつだいをしたでしょうか。

（　　　　　　　）

おてつだいをした時間

```
      0  20 40 60 80 100 120 (分)
8月1日 ▓▓▓▓▓▓▓
8月2日 ▓▓▓▓▓▓▓▓▓▓
8月3日 ▓▓▓▓▓▓▓▓
8月4日 ▓▓▓▓▓▓▓▓▓▓▓
```

6　表とぼうグラフ
ぼうグラフのかき方

[めもりの数字は、いちばん大きい数が表せるようにします。]

① 下の表は、あきらさんの組で、すきなスポーツを調べたものです。これをぼうグラフに表します。　📖数 上86〜87ページ　60点(1つ5)

すきなスポーツ調べ

しゅるい	サッカー	野球	水泳	ドッジボール	その他
人数(人)	12	9	5	7	2

① 右の⑦から⑤にめもりの数字、⑦に単位を書きましょう。

② 左から、人数の多いじゅんにスポーツのしゅるいを⑦から⑦に書きましょう。

③ 人数に合わせて、ぼうをかきましょう。

④ ⑦に表題を書きましょう。

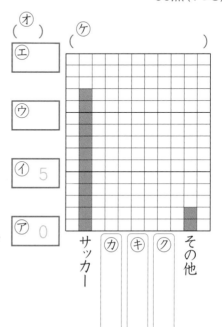

⚠ミスに注意!

② 下の表は、4月から7月までの4か月間に、さゆりさんの組の人が図書室からかりた本の数を表したものです。　📖数 上88〜89ページ　40点(1つ5)

かりた本の数

月	本の数(さつ)
4月	18
5月	26
6月	22
7月	16

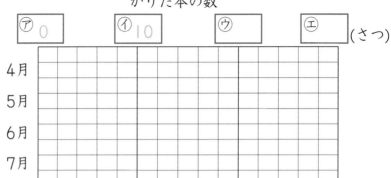

① ⑦から⑤にめもりの数字を書きましょう。

② 本の数に合わせて、ぼうをかきましょう。

教科書 📖 上86〜89ページ

答え 85ページ

6　表とぼうグラフ

くふうした表

❶　下の表は、3年生が組ごとに図書室でかりた本のしゅるいと数を調べたものです。この3つの表を1つの表にまとめます。　📖教上90〜91ページ　100点(1つ10)

かりた本の数(3年1組)

しゅるい	本の数(さつ)
物　語	7
伝　記	8
図かん	10
その他	4
合　計	29

かりた本の数(3年2組)

しゅるい	本の数(さつ)
物　語	7
伝　記	14
図かん	6
その他	5
合　計	32

かりた本の数(3年3組)

しゅるい	本の数(さつ)
物　語	11
伝　記	6
図かん	3
その他	7
合　計	27

①　右の表の⑦から⑦にあてはまる数を書きましょう。

②　⑦に入る数は何を表しているでしょうか。

(　　　　　　　　　)

③　⑦に入る数は何を表しているでしょうか。

(　　　　　　　　　)

3年生のかりた本の数

しゅるい ＼ 組	1組	2組	3組	合計
物　語	7	7	11	㋑
伝　記	8	㋑	6	28
図かん	10	6	3	19
その他	4	5	㋒	16
合　計	㋐	32	27	㋔

活用 よく読んで！

④　3年生のかりた本のけっかを、下のようなぼうグラフに表しました。グラフのつづきをかきましょう。

3年生のかりた本の数

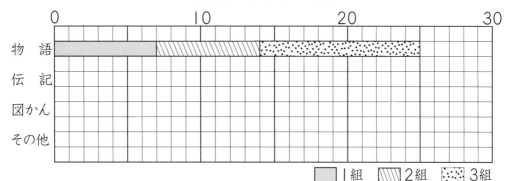

🟦 1組　◨ 2組　▨ 3組

教科書 📖 上90〜91ページ

7　あまりのあるわり算　……（1）

[あまりのあるわり算の答えも、九九を使ってもとめます。]

1 おはじきが 18 こあります。1 ふくろに 5 こずつ入れると、何ふくろできるかを調べます。次の問題に答えましょう。　📖教上97〜99ページ

① 5 こずつ◯でかこんで調べてみましょう。　　　　　　10点

② □にあてはまる数を書きましょう。　　　　　30点(1つ5)

⑦ 1 ふくろ…5×1=5　　　　18−5=13 で、13 こあまる。

① 2 ふくろ…5×<u>2</u>=□　　　18−□=8 で、8 こあまる。

⑦ 3 ふくろ…5×<u>3</u>=□　　　18−□=3 で、3 こあまる。

⑪ 4 ふくろ…5×4=20　　　20 は 18 より大きく、2 こ足りない。

③ わり算の式に書いて、答えをもとめます。
　　□にあてはまる数を書きましょう。　　　20点(式10・答え10)

式　18÷5=□ あまり □

答え □ ふくろできて、□ こあまる。

2 計算をしましょう。　📖教上101ページ⑥　　　40点(1つ10)

① 57÷7　　　　　　　② 21÷6

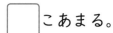
あまりの数は
わる数より小さく
なるね。

③ 45÷8　　　　　　　④ 51÷9

教科書📖 上97〜101ページ

時間 15分 ｜ 合かく 80点 ／100 ｜ 月 日

サク こた あわ

答え 86ページ

7 あまりのあるわり算 ……(2)

答えのたしかめ

[14÷4＝3あまり2の答えは、4×3＋2＝14の式でたしかめられます。]

1 みかんが27こあります。1ふくろに4こずつ入れると、何ふくろできて、何こあまるかを考えます。□にはあてはまる数を、（ ）にはあてはまる言葉を書きましょう。 📖教上102ページ❹　　　　　　　　　30点(1つ5)

① 式を書いて、答えをもとめましょう。

$27 ÷ 4 =$ ⑦□ あまり ④□

② ふくろに入れたみかんの数と、あまった数をたしてみよう。

$4 ×$ ⑨□ ＋ ㊤□ ＝ ㋔□

③ ②の答えは、①の式の（㋕ わられる ）数になり、27÷4の計算の答えは②の式でたしかめられます。

2 62mのロープがあります。このロープを7mずつに切ると、7mのロープは何本できて、何mあまるでしょうか。また、答えのたしかめをしましょう。 📖教上102ページ❹　30点(式10・たしかめ10・答え10)

式

たしかめ （　　　　　　　　　　　　　　　）

答え （　　　　　　　　　　　　　　　　　）

3 計算をしましょう。また、答えのたしかめをしましょう。 📖教上103ページ◈

40点(答え5・たしかめ5)

① 25÷3

たしかめ （　　　　　　　　　）

② 71÷8

たしかめ （　　　　　　　　　）

③ 43÷7

たしかめ （　　　　　　　　　）

④ 31÷6

たしかめ （　　　　　　　　　）

教科書 📖 上102〜103ページ

時間 15分 ｜ 合かく 80点 ／100 ｜ 月　日

7　あまりのあるわり算　……(3)
あまりはどうする

サクッと
こたえ
あわせ

答え 86ページ

[あまりの意味を考えて、答える問題があります。]

❶ クッキーが 33 まいあります。｜箱に 5 まいずつ入れていきます。クッキーを全部箱に入れるには、何箱いるでしょうか。□にあてはまる数を書きましょう。

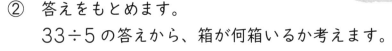 📖教上103ページ❺　50点(1つ10)

① わり算の式にして、考えましょう。

$$33 \div 5 = \boxed{}^{ア} \text{あまり} \boxed{}^{イ}$$

あまったクッキーの
箱がひつようだね。

② 答えをもとめます。

33÷5 の答えから、箱が何箱いるか考えます。

$\boxed{}^{ウ}$ 箱では、あまりの 3 まいのクッキーが箱に入りません。

あまりの 3 まいを入れるための $\boxed{}^{エ}$ 箱をたして、

答えは $\boxed{}^{オ}$ 箱になります。

❷ 子どもが 27 人います。｜台のテーブルに 6 人ずつすわっていきます。全員がすわるには、テーブルは何台いるでしょうか。📖教上104ページ

20点(式10・答え10)

式

答え（　　　　　　　　　）

❸ はばが 45 cm の本立てがあります。あつさ 7 cm のじ書を入れていくと、じ書は何さつ入るでしょうか。📖教上104ページ　30点(式15・答え15)

式

答え（　　　　　　　　　）

教科書 📖 上103〜104ページ

時間 15分　合かく 80点　／100

月　日

答え 86ページ

7　あまりのあるわり算

1 計算をしましょう。　30点(1つ5)

① 14÷3　② 21÷4

③ 27÷6　④ 49÷5

⑤ 52÷8　⑥ 70÷9

よく読んで！

2 次(つぎ)の計算で、答えのたしかめをして、答えが正しければ○を、まちがいがあれば、正しい答えを書きましょう。　40点(1つ10)

① 23÷5＝3あまり8　(　　　)
② 45÷9＝4あまり9　(　　　)

③ 18÷7＝2あまり4　(　　　)
④ 64÷7＝9あまり1　(　　　)

3 ボールペンが47本あります。6人で同じ数ずつ分けると、1人分は何本になるでしょうか。また、ボールペンは何本あまるでしょうか。

15点(式10・答え5)

式(しき)

答え (　　　)

よく読んで！

4 21ページの学習(がくしゅう)ドリルがあります。毎日2ページずつ進(すす)めていくと、学習ドリルを終(お)わらせるのに、何日かかるでしょうか。　15点(式10・答え5)

式

答え (　　　)

かけ算のきまり／時こくと時間

1 □にあてはまる数を書きましょう。　30点(1つ5)

① □×8＝0

② 8×5＝□×8

③ 4×7＝4×6+□

④ 7×13＝7×□+7×5

⑤ 3×□＝18

⑥ □×7＝63

2 計算をしましょう。　54点(1つ6)

① 4×0

② 0×12

③ 30×2

④ 70×6

⑤ 200×3

⑥ 500×4

⑦ 900×3

⑧ 30×4×2

⑨ 20×5×2

⚠ミスに注意!

3 たかしさんは、家から25分歩いて駅(えき)に行きました。
右の時計は、たかしさんが駅に着(つ)いた時こくです。　16点(1つ8)

① 右の時計の時こくは、午後何時何分でしょうか。

（　　　　　　　　　）

② たかしさんが家を出た時こくは午後何時何分でしょうか。

（　　　　　　　　　）

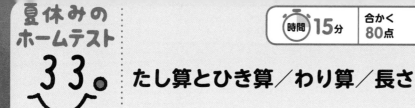

⚠️ミスに注意！

1 筆算でしましょう。　　　　　　　　　　　30点(1つ5)

① 544＋125　　② 419＋283　　③ 948−526

④ 343−189　　⑤ 1256−813　　⑥ 3001−234

2 計算をしましょう。　　　　　　　　　　　30点(1つ5)

① 18÷2　　② 16÷4　　③ 56÷8

④ 35÷5　　⑤ 8÷8　　⑥ 0÷3

3 28mのロープがあります。このロープを7mずつに切ると、7mの
ロープは何本できるでしょうか。　　　　20点(式10・答え10)

式

答え (　　　　　　　　　)

4 下の①、②のめもりをよみましょう。　　　　20点(1つ10)

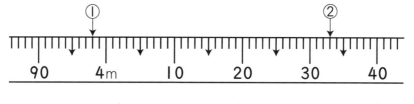

①　(　　　　　　　)　　　②　(　　　　　　　)

34. 表とぼうグラフ／あまりのあるわり算

時間 **15**分 ｜ 合かく **80**点 ｜ ／**100**

月　　日

サクッと
こたえ
あわせ

答え **87**ページ

1 下の表と右のぼうグラフは、かずやさんの学校で、先週休んだ3年生の人数を表したものです。

休んだ人数（3年生）

曜日	月	火	水	木	金
人数(人)	12	㋐	8	16	㋑

(人) 休んだ人数（3年生）

① ぼうグラフの1めもりは、何人を表しているでしょうか。　　10点

（　　　　　　　　）

② 表の㋐、㋑にあてはまる数を、書きましょう。　　20点(1つ10)

③ グラフのつづきをかきましょう。10点

④ 先週、休んだ3年生はあわせて何人でしょうか。　　10点

（　　　　　　　　）

⚠️**ミスに注意!**

2 計算をしましょう。　　30点(1つ5)

① 47÷7

② 29÷9

③ 44÷8

④ 30÷4

⑤ 52÷6

⑥ 69÷8

✓**よく読んで!**

3 子どもが26人います。1つのベンチに4人ずつすわっていきます。全員がすわるには、ベンチがいくついるでしょうか。　　20点(式10・答え10)

式

答え（　　　　　　　　）

時間 15分 | 合かく 80点 | /100

月 日

答え 87ページ

8　10000 より大きい数
万の位

[千の1つ左の位を、一万の位といいます。]

1 右の図の紙が何まいあるかを調べます。
□にあてはまる数を書きましょう。

📖教 上111〜112ページ❶　30点(1つ10)

① 1000 まいのたばが 10 こあつまると、10000 まい(一万まい)になります。

　10000 のまとまりが [ア]2 つで、[イ]20000 まい(二万まい)です。

② 紙のまい数は、二万と三千四百で、[ウ]　　　まいです。

2 次の数を数字で書きましょう。　📖教 上112ページ①、114ページ③　20点(1つ10)

① 一万五千六百七十八　　② 千五百六万四千百十一

（　　　　　　　）　　（　　　　　　　）

⚠ミスに注意!

3 下の数直線を見て⑦、④が表す数を、数字で書きましょう。

📖教 上116ページ❹　30点(1つ15)

①

20000　30000　40000　50000

⑦ (　　　　　　　)

②

0　10000　　　　　100000

④ (　　　　　　　)

4 □にあてはまる等号か不等号を書きましょう。　📖教 上115ページ　20点(1つ10)

① 32680 □ 33000　　② 10000 □ 2000＋8000

8　10000 より大きい数

一億

[1000万を 10 こあつめた数を一億といいます。]

❶ □にはあてはまる数を、（ ）にはあてはまる言葉を書きましょう。

📖教上117ページ❻　40点(1つ20)

1000万を 10 倍した数を(㋐　　　　　　　　)といい、

㋑ □0000 と書きます。

❷ 下の㋐、㋒のめもりが表す数を書きましょう。　📖教上117ページ❻

30点(1つ15)

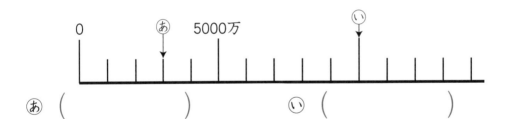

㋐ （　　　　　　　　）　　㋒ （　　　　　　　　）

❸ 次の㋐、㋒の数を、めもりが表すところ①～④からえらびましょう。

📖教上117ページ❻　30点(1つ15)

㋐　4000 万　　　　　　　㋒　 1 億

㋐ （　　　　　　　　）　　㋒ （　　　　　　　　）

教科書 📖 上117ページ

8 10000 より大きい数
10倍の数や10でわった数 ……(1)

時間 15分　合かく 80点　/100

答え 88ページ

[ある数を 10 倍すると、もとの数の右はしに0を1つつけた数になります。]

1 35を10倍した数がいくつになるかを考えます。□にあてはまる数を書きましょう。 📖教上118ページ**7**、**8**　　40点(1つ8)

① 35円を10倍します。

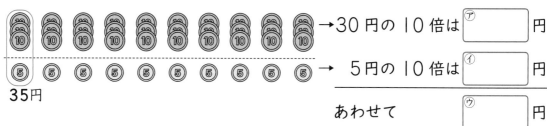

→ 30円の10倍は [ア]　　円

→ 5円の10倍は [イ]　　円

あわせて [ウ]　　円

② 35を10倍した数は、位が [エ]　　つ上がって

もとの数の右はしに0を1つつけた数の

[オ]　　になります。

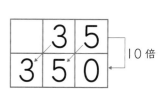

[ある数を 100 倍すると、もとの数の右はしに0を2つつけた数になります。]

2 35を10倍した数を10倍すると、どんな数になるでしょうか。□にあてはまる数を書きましょう。 📖教上119ページ**9**　　30点(1つ10)

① 10倍の10倍は [ア]　　倍です。

② 35を10倍にした数を10倍すると、
35の右はしに0を2つつけた [イ]　　
になります。

```
        3 5          ┐10倍
      3 5 0          ┤    ┐100倍
  [ウ]              ┘10倍 ┘
```

3 次の数を、10倍、100倍、1000倍した数を書きましょう。

📖教上118ページ◇、119ページ◈　30点(1つ5)

	10倍	100倍	1000倍
① 36	(　　　)	(　　　)	(　　　)
② 845	(　　　)	(　　　)	(　　　)

教科書 📖 上118〜119ページ

37

8 10000より大きい数
10倍の数や10でわった数 ……(2)

[一の位に0のある数を10でわると、一の位の0をとった数になります。]

1 350を10でわると、どんな数になるかを考えます。

□にあてはまる数を書きましょう。 教上119ページ10 40点(1つ10)

① 350円を10でわってみます。

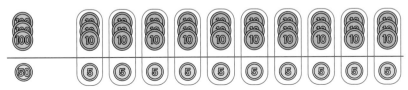

350円を10でわると、 [ア] □ 円になります。

② 350を10でわった数は、350の一の位の [イ] □ を

とった [ウ] □ になります。

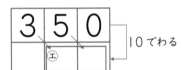

3	5	0
	[エ]	

10でわる

ある数を10でわると
もとの数の一の位の
0をとった数にな
るんですね。

2 次の数を10でわった数を書きましょう。 教上119ページ◇ 60点(1つ10)

① 40
(   )

② 130
(   )

③ 630
(   )

④ 720
(   )

⑤ 6700
(   )

⑥ 9000
(   )

9 円と球

円

[１つの円の半径は、すべて同じ長さです。]

1 （　）にあてはまる言葉を書きましょう。　📖教上123〜125ページ　40点（1つ10）

① 右のように、１つの点から同じ長さになるよう
にかいたまるい形を(　　　　　　　)といいま
す。

② 円をかいたとき、まん中の点⑦を円の
(　　　　　　　)といいます。

③ 円の中心から円のまわりまでかいた直線①を
(　　　　　　　)といいます。

④ １つの円の半径は、すべて(　　　　　　　)長さです。

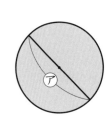

2 □にはあてはまる数を、（　）にはあてはまる言葉を書きましょう。

📖教上126〜127ページ❸　60点（1つ15）

① 円の中心を通って、円のまわりからまわりまで

かいた直線⑦を(　　　　　　　)といいます。

② １つの円で、直径の長さは、

半径の長さの □ 倍です。

③ 右の円の中にかいた直線のうち、

いちばん長いものは直線(　　　　　　　)です。

④ 直径が10cmの円の半径は □ cmです。

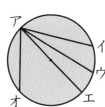

9 円と球
円

……(2)

[コンパスで円をかくときは、コンパスを半径の長さに開いて、ひとまわりさせます。]

❶ コンパスを使って点アを中心とする直径4cmの円をかきましょう。また点イを中心とする半径2cm5mmの円をかきましょう。

📖教上128ページ　50点(1つ25)

・
ア
　　　　　・
　　　　　イ

❷ コンパスを使って、㋐のおれ線と同じ長さの直線を㋑の直線に写し取りましょう。　📖教上129ページ❺　25点

㋐

㋑ ————————————————————

❸ 点㋐から2cm、点㋑から3cmのところは、㋑から㋔のうち、どれでしょうか。コンパスを使って考えましょう。　📖教上129ページ　25点

㋒・

・㋑　　　　　・㋔

・㋐

・㋐

・㋛

（　　　　　　　）

教科書📖 上128〜129ページ

9 円と球

球

[どこから見ても円に見える形を球といいます。]

1 □にはあてはまる数を、（ ）にはあてはまる言葉を書きましょう。

📖教上130～131ページ**6** 60点（1つ10）

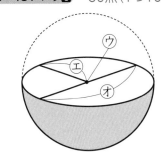

① どこから見ても円に見える形を

（⑦ ）といいます。

② 球を切った切り口は、いつでも

（⑦ ）になります。

③ 球を半分に切ったときの円の中心、半径、直径をそれぞれ球の、（⑦ ）、（エ ）

（⑦ ）といいます。

④ 球の直径の長さは、半径の□倍です。

2 右のように、つつに同じ大きさのボールがぴったり2こ入っています。ボールの半径は何cmでしょうか。 📖教上131ページ◆ 20点

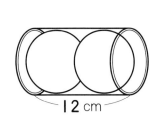
12cm

（ ）

3 右のように、長方形の箱の中に、直径6cmのボールがぴったり入っています。箱の⑦、⑦の長さは、何cmでしょうか。

📖教上131ページ◆ 20点（1つ10）

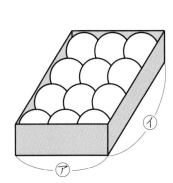

⑦（ ） ⑦（ ）

時間 **15**分 | 合かく **80**点 | /**100**

月　日

サクッと
こたえ
あわせ

答え **88**ページ

10　かけ算の筆算
2けた×1けたの計算　……(1)

[2けた×1けたの計算は、位ごとに分け、九九を使ってもとめられます。]

1 1まい 32 円の工作用紙を 3まい買うと、代金は何円になるでしょうか。□に
あてはまる数を書きましょう。　📖教下5〜7ページ、8ページ❷　　50点(1つ10)

①　32 を 30 と 2に分けて　　②　筆算で考えます。
考えます。

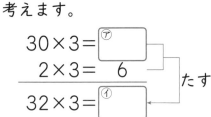
$30×3=$ ⑦
$2×3=\ \ 6$
$32×3=$ ⑦
たす

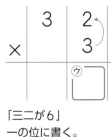
「三二が6」
一の位に書く。

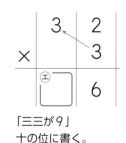
「三三が9」
十の位に書く。

③　代金は ⑦ 円になります。

2 16×4 の計算のしかたについて考えます。□にあてはまる数を書きましょう。
　📖教下9ページ❸　20点(1つ5)

①　16 を 10 と 6に分けて　　②　筆算で考えます。
考えます。

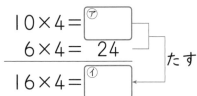
$10×4=$ ⑦
$6×4=\ \ 24$
$16×4=$ ⑦
たす

「四六 24」
24 の 2を十の位
にくり上げる。

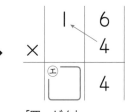
「四一が4」
4とくり上げた2
をたして6。

3 筆算でしましょう。　📖教下8ページ❷、9ページ❸　　30点(1つ10)

①　23×2　　　　　②　34×2　　　　　③　28×3

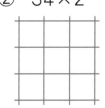

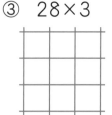

教科書 📖 下4〜9ページ

10　かけ算の筆算
2けた×1けたの計算　　　……(2)

答え 88ページ

1 52×3の計算について考えます。□にあてはまる数を書きましょう。

📖教下10ページ❹　20点(1つ5)

① 52を50と2に分けて
考えます。

50×3=㋐
2×3= 6
52×3=㋑

たす

② 筆算で考えます。

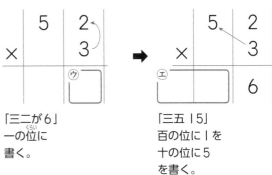

「三二が6」
一の位に
書く。

「三五15」
百の位に1を
十の位に5
を書く。

2 74×4の計算について考えます。□にあてはまる数を書きましょう。

📖教下10ページ❺　20点(1つ5)

① 74を70と4に分けて
考えます。

70×4=㋐
4×4= 16
74×4=㋑

たす

② 筆算で考えます。

「四四16」
16の1を十の位に
くり上げる。

「四七28」
28とくり上げた
1をたして29。

3 計算をしましょう。　📖教下10ページ❹、❺

60点(1つ10)

①　73
　×　5

②　21
　×　6

③　33
　×　4

④　39
　×　9

⑤　45
　×　9

⑥　68
　×　5

10　かけ算の筆算
3けた×1けたの計算　　……（1）

[3けた×1けたの計算も、2けた×1けたと同じように計算できます。]

1 212×3の筆算のしかたを考えます。□にあてはまる数を書きましょう。

教下11〜12ページ⑥　15点（1つ5）

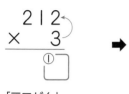

$$
\begin{array}{r}
212 \\
\times\ \ 3 \\
\hline
①\boxed{}
\end{array}
\Rightarrow
\begin{array}{r}
212 \\
\times\ \ 3 \\
\hline
②\boxed{}6
\end{array}
\Rightarrow
\begin{array}{r}
212 \\
\times\ \ 3 \\
\hline
③\boxed{}36
\end{array}
$$

「三二が6」　　　「三一が3」　　　「三二が6」
6を一の位に書く。　3を十の位に書く。　6を百の位に書く。

2 計算をしましょう。　教下12ページ⑪　　　　　30点（1つ10）

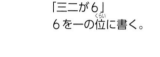

① 　121
　×　3

② 　412
　×　2

③ 　234
　×　2

3 243×3の筆算のしかたを考えます。□にあてはまる数を書きましょう。

教下13ページ❼　15点（1つ5）

$$
\begin{array}{r}
243 \\
\times\ \ 3 \\
\hline
①\boxed{}
\end{array}
\Rightarrow
\begin{array}{r}
243 \\
\times\ \ 3 \\
\hline
1②\boxed{}9
\end{array}
\Rightarrow
\begin{array}{r}
243 \\
\times\ \ 3 \\
\hline
③\boxed{}29
\end{array}
$$

「三三が9」　　　「三四12」　　　「三二が6」
9を一の位に書く。　1を百の位に　　6と
　　　　　　　　　くり上げる。　　くり上げた1をたす。

4 計算をしましょう。　教下13ページ⑫、⑬　　　　　40点（1つ10）

① 　363
　×　2

② 　172
　×　4

③ 　248
　×　3

④ 　179
　×　4

教科書 📖 下11〜13ページ

10　かけ算の筆算
3けた×1けたの計算　……(2)

❶ 523×3の筆算のしかたを考えます。□にあてはまる数を書きましょう。

📖教 下13ページ❽　15点(1つ5)

```
   523
 ×   3
  ①
```
「三三が9」
一の位に書く。

➡

```
   523
 ×   3
  ② 9
```
「三二が6」
十の位に書く。

➡

```
   523
 ×   3
 ③  69
```
「三五 15」
1を千の位に
5を百の位に書く。

❷ 計算をしましょう。📖教 下13ページ◈　40点(1つ10)

①
```
   613
 ×   3
```

②
```
   712
 ×   4
```

③
```
   465
 ×   4
```

④
```
   438
 ×   3
```

❸ 603×4の筆算のしかたを考えます。□にあてはまる数を書きましょう。

📖教 下14ページ❾　15点(1つ5)

```
   603
 ×   4
  1①
```
「四三 12」
12の1を十の位に
くり上げる。

➡

```
   603
 ×   4
  ② 2
```
「4×0=0」
くり上げた1を十の
位にそのまま書く。

➡

```
   603
 ×   4
 ③  12
```
「四六 24」
2を千の位に、4を
百の位に書く。

❹ 計算をしましょう。📖教 下14ページ◈　30点(1つ10)

①
```
   408
 ×   6
```

②
```
   207
 ×   6
```

③
```
   460
 ×   9
```

10 かけ算の筆算

かけ算の暗算

[十の位、百の位へのくり上がりに気をつけて、かけ算の暗算をします。]

1 36×2の暗算のしかたを考えます。□にあてはまる数を書きましょう。

教下15ページ⑩　30点(1つ10)

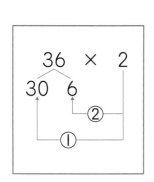

① まず36を30と6に分けて、30に2をかけます。

30×2=□

② 次に6に2をかけます。

6×2=□

③ ①と②の答えをあわせて、□

2 暗算で答えをもとめましょう。　教下15ページ◇　60点(1つ10)

① 21×4　　　② 33×3

③ 35×2　　　④ 23×4

⑤ 38×5　　　⑥ 67×2

よく読んで!

3 お店で写真をプリントするのに1まい19円かかります。ゆみさんは4まいプリントをしました。代金は何円になるでしょうか。暗算で答えをもとめましょう。　教下15ページ⑩　　　10点

(　　　　　　　)

教科書 下15ページ

まとめの
ドリル
47。

⏱ 時間 **15**分 | 合かく **80**点 | ／**100**

月　日

答え **89**ページ

10　かけ算の筆算

1 計算をしましょう。　　　　　　　　　　　　　　　　30点(1つ5)

①　　39
　　×　2

②　　19
　　×　5

③　　16
　　×　6

④　　48
　　×　3

⑤　　231
　　×　　3

⑥　　121
　　×　　8

2 計算をしましょう。　　　　　　　　　　　　　　　　30点(1つ5)

①　　284
　　×　　2

②　　356
　　×　　4

③　　468
　　×　　3

④　　764
　　×　　5

⑤　　380
　　×　　4

⑥　　609
　　×　　9

3 1ふくろ96円のあめがあります。このあめを4ふくろ買うと、代金は何円になるでしょうか。　　　　　　　　　　20点(式10・答え10)

式

答え（　　　　　　　　　）

4 花だんの横の長さを調べたら、60cmのぼうの9倍の長さでした。花だんの横の長さは何m何cmでしょうか。　　　　　20点(式10・答え10)

式

答え（　　　　　　　　　）

教科書 📖 下4〜15ページ

47

11 重さ
重さくらべ

[重さの単位には、g があります。]

❶ □にはあてはまる数を、（　）にはあてはまる言葉を書きましょう。

📖教 下21〜23ページ❶　40点(1つ10)

① 重さの単位には、（⁽ア⁾　グラム　）が

あります。1グラムを1gと書きます。
横にならって書いてみましょう。

② 1円玉□⁽ウ⁾この重さは、ちょうど1gです。

③ のりの重さを、右のような道具を使って、
調べたら、1円玉 22 ことつりあいました。
のりの重さは、1gの 22 こ分の重さで

□⁽エ⁾ gです。

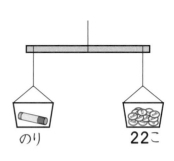

のり　　22こ

❷ 電池と消しゴムの重さを、1円玉の数で調べました。□にはあてはまる数を、

（　）にはあてはまる言葉を書きましょう。　📖教 下23ページ◇　60点(1つ15)

はかった物	1円玉の数
電池	25こ
消しゴム	10こ

① 電池の重さは、1gの 25 こ分で□⁽ア⁾ gです。

② 消しゴムの重さは、1gの 10 こ分で□⁽イ⁾ gです。

③ 電池と消しゴムで、重いのは（⁽ウ⁾　　　）で、

□⁽エ⁾ g重いです。

教科書📖 下20〜23ページ

時間 15分 ｜ 合かく 80点 ｜ /100

月　　日

答え 90ページ

11 重さ
はかり

[重さをはかるには、はかりを使います。]

1 はかりを使って、教科書と筆箱の重さをはかりました。

📖教 下24〜25ページ　44点(1つ11)

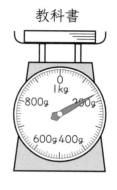

教科書

筆箱

① はかりのいちばん小さい１めもりは何gを表しているでしょうか。

（　　　　　　　）

② このはかりは、何gの重さまではかれるでしょうか。

（　　　　　　　）

③ 教科書と、筆箱の重さは、それぞれ何gでしょうか。

教科書（　　　　　　　）　筆箱（　　　　　　　）

2 □にはあてはまる数を、（　）にはあてはまる言葉を書きましょう。

📖教 下26〜27ページ　56点(1つ8)

① 重い物をはかるには、（ⓐキログラム）という単位を使います。１キログラムを１kgと書きます。横にならって書いてみましょう。

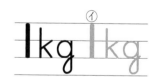

② １kgは ⓒ□ g です。

③ 図かんの重さをはかったら、右のようになりました。

図かんの重さは、ⓔ□ kg ⓕ□ g です。

図かん

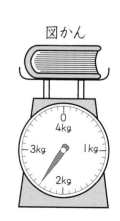

④ 3070gは、ⓖ□ kg ⓗ□ g です。

時間 15分	合かく 80点	/100	月　日

サクッと こたえ あわせ
答え **90** ページ

11 重さ
はかり方のくふう

[入れ物に入れた物の重さは、入れ物の重さと物の重さをあわせた重さです。]

1 みかんを 300 g のかごに入れて重さをはかったら、右のようになりました。 　📖教下29ページ**5**

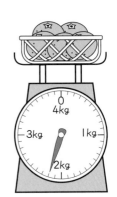

① 右のはかりは、何 kg 何 g をしめしているでしょうか。　　　　　　　　　　20点

（　　　　　　　　　　）

② みかんだけの重さは何 kg 何 g でしょうか。
　　　　　　　　　　25点(式15・答え10)

式

答え（　　　　　　　　　　）

かごの重さをひいて もとめるんだ。

③ 同じかごを使って、重さ 1 kg のりんごをはかりにのせると、はかりのめもりは、何 kg 何 g をしめすでしょうか。
　　　　　　　　　　25点(式15・答え10)

式

答え（　　　　　　　　　　）

2 180 g のボウルに、さとうを入れて重さをはかると、右のようになりました。さとうだけの重さは何 g でしょうか。 　📖教下29ページ⑤　　30点(式20・答え10)

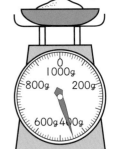

式

答え（　　　　　　　　　　）

教科書 📖 下29ページ

11 重さ
単位のしくみ

[1km＝1000m、1kg＝1000g、1t＝1000kg、1L＝1000mL です。]

1 □にあてはまる数を書きましょう。　教下30ページ6　56点(1つ8)

① 1m を □ こあつめた長さは、1km です。

② 1kg は、1g を □ こあつめた重さです。

③ 1t は、1kg を □ こあつめた重さです。

④ 1L は、100mL を □ こあつめたかさです。

⑤ 3000mL＝□ L　⑥ □ g＝6kg

⑦ 20m を 100 こあつめた長さは □ km です。

> 1km は 1m を 1000 こあつめた長さ、
> 1kg は 1g を 1000 こあつめた重さ、
> 1L は 1mL を 1000 こあつめたかさです。

2 □にあてはまる数を書きましょう。　教下30ページ6　24点(1つ8)

① 1km は 1m の □ 倍です。

② 1m は 1mm の □ 倍です。

③ 1kg は 1g の □ 倍です。

⚠ミスに注意!
3 □にあてはまる数を書きましょう。　教下30〜31ページ　20点(1つ5)

① 5kg＝□ g　② □ km＝4000m

③ 15000mm＝□ m　④ 5000kg＝□ t

12 分数
分数の表し方　　……(1)

[分数は、何等分した大きさのいくつぶんかを表します。]

1 □にはあてはまる数を、（ ）にはあてはまる言葉を書きましょう。

教下37〜38ページ**1**　40点(1つ8)

① 1mの $\frac{1}{5}$ の長さを（⑦ 五分の一メートル）といい、$\frac{1}{5}$ m と書きます。

② $\frac{1}{4}$ m は、□倍すると1mになる長さです。

③ 右の図のテープの長さは、1mを

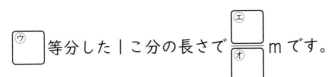

□等分した1こ分の長さで $\frac{□}{□}$ m です。

2 □にはあてはまる数を、（ ）にはあてはまる言葉を書きましょう。

教下39〜41ページ**2**　50点(1つ10)

① $\frac{1}{5}$ m の3こ分の長さを（⑦　　　　　）といい、$\frac{3}{5}$ m と書きます。

② 分数の線の下の数を（④ 分母 ）といい、線の上の数を

（⑨ 分子 ）といいます。

③ 右の███の長さは $\frac{□}{□}$ m です。

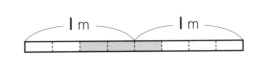

3 右の1リットルますに入っている水のかさは、何Lでしょうか。　教下41ページ**3**　10点

（　　　　　）

教科書 下36〜41ページ

12 分数
分数の表し方

……(2)

[分数の分母と分子が同じ数のときは、1になります。]

1 □にはあてはまる数を、（　）にはあてはまる言葉を書きましょう。

📖教下42ページ4　40点（1つ10）

①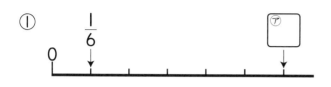

$\dfrac{1}{6}$　　ア□

② $\dfrac{6}{6}$ のように（イ　分母　）と（ウ　分子　）が

同じ数のときは1になります。

③ $\dfrac{1}{4}$ を エ□ こあつめると、1になります。

2 数の大小をくらべて、□に等号か不等号を書きましょう。　📖教下43ページ⑦

30点（1つ10）

① $\dfrac{9}{6}$ □ $\dfrac{1}{6}$　　② $\dfrac{2}{3}$ □ 1　　③ 1 □ $\dfrac{5}{5}$

3 下の数直線を見て、□にあてはまる数を書きましょう。　📖教下43ページ⑧

30点（1つ15）

0　$\dfrac{1}{9}$　$\dfrac{2}{9}$　$\dfrac{3}{9}$　$\dfrac{4}{9}$　$\dfrac{5}{9}$　$\dfrac{6}{9}$　$\dfrac{7}{9}$　$\dfrac{8}{9}$　1　$\dfrac{10}{9}$　$\dfrac{11}{9}$

① $\dfrac{8}{9}$ は1より $\dfrac{□}{9}$ 小さい数です。

② $\dfrac{7}{9}$ は $\dfrac{3}{9}$ より $\dfrac{□}{9}$ 大きい数です。

12 分数
分数のたし算、ひき算 ……(1)

[分母が同じ分数のたし算は、分子どうしのたし算で考えられます。]

❶ ゆうさんは、$\frac{2}{7}$ L のミルクと $\frac{3}{7}$ L のコーヒーをまぜてミルクコーヒーをつくりました。□にあてはまる数を書きましょう。　教 下44〜45ページ 6　60点(1つ10)

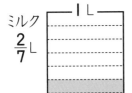

① つくったミルクコーヒーが何 L かをもとめる式は、

$$\frac{⑦}{7}+\frac{⑦}{7}$$ になります。

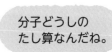分子どうしの
たし算なんだね。

② 答えは、$\frac{1}{7}$ が $\left(\boxed{⑦}+\boxed{⑦}\right)$ こ分です。

$$\frac{2}{7}+\frac{3}{7}=\frac{⑦}{7}$$

③ ゆうさんのつくったミルクコーヒーは $\boxed{⑦}$ L です。

❷ 計算をしましょう。　教 下45ページ ⑩　40点(1つ10)

① $\frac{2}{11}+\frac{3}{11}$

② $\frac{3}{10}+\frac{4}{10}$

$\frac{2}{11}+\frac{3}{11}$ は
$\frac{1}{11}$ が (2+3) こ分
だね。

③ $\frac{1}{5}+\frac{2}{5}$

④ $\frac{4}{9}+\frac{5}{9}$

教科書 下44〜45ページ

時間 15分 | 合かく 80点 | /100

答え 91ページ

12 分数

分数のたし算、ひき算 ……(2)

[分母が同じ分数のひき算は、分子どうしのひき算で考えられます。]

❶ じゅんさんの水とうには、$\frac{5}{7}$ L のお茶が入って

います。かよさんの水とうには、$\frac{3}{7}$ L のお茶が入っ

ています。じゅんさんとかよさんの水とうのお茶の

ちがいは何 L でしょうか。□にあてはまる数を書

きましょう。📖教下46ページ8　　60点(1つ10)

じゅんさんの水とう

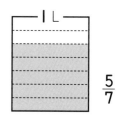
$\frac{5}{7}$ L

かよさんの水とう

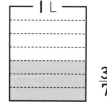
$\frac{3}{7}$ L

① 答えをもとめる式は

$$\frac{\boxed{ア}}{7} - \frac{\boxed{イ}}{7}$$ になります。

② 答えは、$\frac{1}{7}$ が $\left(\boxed{ウ} - \boxed{エ}\right)$ こ分です。

$$\frac{5}{7} - \frac{3}{7} = \frac{\boxed{オ}}{7}$$

③ ちがいは $\boxed{カ}$ L です。

分子どうしのひき算で
計算できるんだね。

⚠ミスに注意!

❷ 計算をしましょう。📖教下46ページ⑫　　40点(1つ10)

① $\frac{5}{9} - \frac{3}{9}$

② $\frac{7}{8} - \frac{4}{8}$

$\frac{5}{9} - \frac{3}{9}$ は

$\frac{1}{9}$ が (5−3) こ分

だね。

③ $\frac{10}{13} - \frac{7}{13}$

④ $1 - \frac{3}{10}$

サクッと
こたえ
あわせ

答え 91ページ

13　三角形

いろいろな三角形

[三角形は、辺の長さに目をつけて、なかま分けすることができます。]

1 （　）にあてはまる言葉を書きましょう。　📖教下53ページ　　40点（1つ20）

① 2つの辺の長さが等しい三角形を

（　　　　　　　　）といいます。

② 3つの辺の長さが等しい三角形を

（　　　　　　　　）といいます。

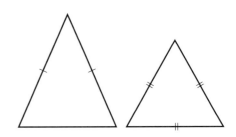

2 コンパスを使って辺の長さを調べて、下のあからおの三角形について答えましょう。　📖教下53ページ①　　60点（1つ30）

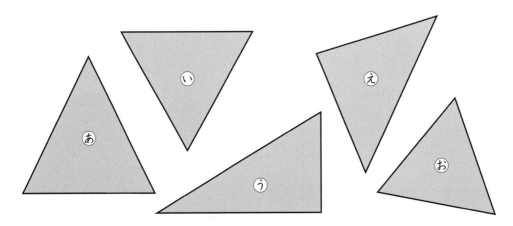

① 二等辺三角形はどれでしょうか。

（　　　　　　　　）

② 正三角形はどれでしょうか。

（　　　　　　　　）

教科書 📖 下50〜53ページ

13 三角形

二等辺三角形、正三角形のかき方／三角形づくり

[二等辺三角形や正三角形は、コンパスで等しい長さの辺をとってかきます。]

1 次の三角形をかきましょう。　📖教下55〜56ページ　　　40点(1つ20)

① 3つの辺の長さが4cm、3cm、3cmの二等辺三角形

② 3つの辺の長さが3cmの正三角形

2 円の半径を使って、二等辺三角形と正三角形をかきましょう。　📖教下57ページ5

40点(1つ20)

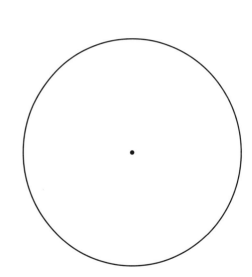

3 紙を2つにおって、┈┈┈ のところを切って広げます。
広げた形が正三角形になるのはどれでしょうか。　📖教下57ページ　　20点

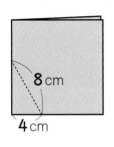

あ
8cm
4cm

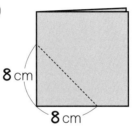

い
8cm
8cm

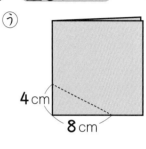

う
4cm
8cm

(　　　　　)

13　三角形

角　　　　　　　　　　　　　　　　……(1)

[角の大きさは、辺の長さに関係なく、辺の開きぐあいで決まります。]

❶ 三角定規の角について答えましょう。　📖教下58〜59ページ6　　60点(1つ20)

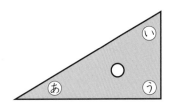
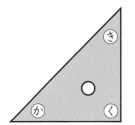

① ⑤の角の大きさと⑥の角の大きさとでは、どちらが大きいでしょうか。

（　　　　　　　　　）

② どの角の大きさとどの角の大きさが等しいでしょうか。

（　　　　　　　　　）

③ ⑤の角の大きさと⑰の角の大きさとでは、どちらが大きいでしょうか。

（　　　　　　　　　）

❷ 角の大きさが大きいじゅんにならべましょう。　📖教下59ページ◈　40点(1つ20)

①

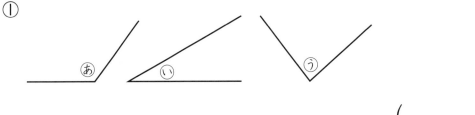

（　　　　　　　　　）

②

（　　　　　　　　　）

時間 15分 ｜ 合かく 80点 ／100 ｜ 月　日

答え 92ページ

13 三角形

角……（2）／三角形でもようを作ろう！

［二等辺三角形の２つの角の大きさは等しく、正三角形の３つの角の大きさは等しいです。］

1 下の三角形で、あと角の大きさが等しいものはどれでしょうか。

教下60ページ**7** 30点（1つ10）

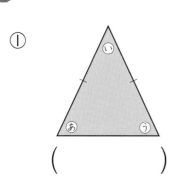

① （　　　　　　）

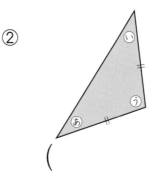

② （　　　　　　）

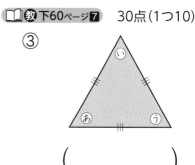

③ （　　　　　　）

2 三角定規を２まいならべて三角形を作りました。①、②は、それぞれ何という三角形でしょうか。また、作った三角形の角のうち、大きさが等しいのはどの角とどの角でしょうか。　教下60ページ**④**　40点（1つ10）

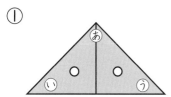

① 三角形の名前（　　　　　　　　）

　等しい大きさの角（　　　　　　　）

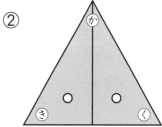

② 三角形の名前（　　　　　　　　）

　等しい大きさの角（　　　　　　　）

活用 よく読んで！

3 あの正三角形をすきまなくならべて、１つの辺が６cmの正三角形を作ります。□にあてはまる数を書きましょう。　教下61ページ　30点（1つ10）

① あは１辺が ア□ cm の正三角形なので、１だんめは、あの正三角形を イ□ つならべることができます。

② すきまなくならべると、あの正三角形を ウ□ つならべることができます。

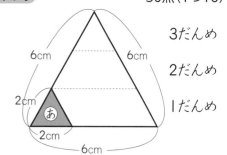

3だんめ

2だんめ

1だんめ

時間 15分 ｜ 合かく 80点 ／100

月 日

サクッと
こたえ
あわせ
答え 92ページ

10000 より大きい数／円と球／かけ算の筆算

1 次の数を、数字で書きましょう。　35点(1つ5)

① 五千五百五十万四千七百六十六　（　　　　　）

② 1000万を3こと、1万を6こと、1000を9こあわせた数

（　　　　　）

③ 下のめもりの↓にあてはまる数

370000　380000↓390000　400000

（　　　　　）

④ 24を10倍、100倍、1000倍した数

10倍(　　　)　　100倍(　　　　)　　1000倍(　　　　)

⑤ 一億より100万小さい数　（　　　　　）

2 下のように、半径4cmの円を3こならべました。

直線アイの長さは何cmでしょうか。　25点

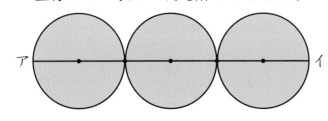

ア　　　　　　　　　　　　　　　　イ

（　　　　　）

3 筆算でしましょう。　40点(1つ5)

① 43
　× 2

② 24
　× 3

③ 38
　× 4

④ 28
　× 9

⑤ 243
　×　2

⑥ 271
　×　3

⑦ 328
　×　4

⑧ 408
　×　3

1 はかりがしめす重さを答えましょう。また、□にあてはまる数を書きましょう。

40点（1つ10）

①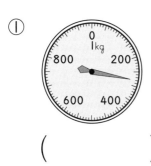

（　　　　　）

②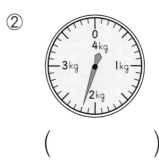

（　　　　　）

③ 3200 g = □ kg □ g ④ 2kg 600 g = □ g

2 □にあてはまる数を書きましょう。

10点（1つ5）

① $\frac{7}{8}$ L は $\frac{1}{8}$ L を □ こあつめたかさです。

② $\frac{1}{9}$ を □ こあつめると 1 になります。

3 計算をしましょう。

20点（1つ5）

① $\frac{1}{7} + \frac{5}{7}$

② $\frac{5}{8} + \frac{2}{8}$

③ $\frac{4}{5} - \frac{1}{5}$

④ $1 - \frac{4}{9}$

4 半径が3cmの円をかきました。
（　）にあてはまる言葉を書きましょう。

30点（1つ15）

① ㊙の三角形を（　　　　　）三角形といいます。

② ㋑の三角形を（　　　　　）三角形といいます。

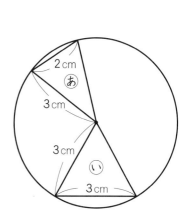

時間 **15**分 ｜ 合かく **80点** ｜ /100 ｜ 月 日

サクッと
こたえ
あわせ

答え 93ページ

14 □を使った式と図 ……(1)

[6+□＝14 の□は、14−6 の式でもとめられます。]

1 さとしさんは 800 円を持って、おかしを買いに行きました。おかしを買ったら、
のこりのお金は 350 円になりました。買ったおかしの代金のもとめ方を考えます。
□にあてはまる数を書きましょう。　📖教 下65〜66ページ　　　　　30点(1つ10)

① おかしの代金を□円として、式に表すと、

800−□＝[ⓐ] [　　　] となります。

持っていたお金
800円

のこりのお金　　おかしの代金
350円　　　　　□円

② □にあてはまる数は、図から、

| 持っていたお金 | − | のこりのお金 | ＝ | おかしの代金 |

と考えて、800−350＝[ⓘ] [　　　]

③ さとしさんの買ったおかしの代金は [ⓦ][　　　] 円です。

2 りえさんはあめを□こ持っていました。12 こを友だちにあげたので、
あめは 14 こになりました。□を使った式に表して、□をもとめましょう。

📖教 下67ページ❷　30点(式20・答え10)

式

答え（　　　　　　　　　）

⚠️ミスに注意!

3 □にあてはまる数をもとめましょう。　📖教 下67ページ❷　　40点(1つ10)

① [　　]＋23＝47　　　　② 32＋[　　]＝39

③ [　　]−8＝38　　　　④ [　　]−28＝7

教科書 📖 下64〜67ページ

14 □を使った式と図 ……(2)

[7×□＝56 の□は、56÷7 の式でもとめられます。]

1 | 人 4 こずつ、何人かでチョコレートを食べたら、食べた数は全部で 28 こになりました。何人で食べたのかを考えます。□にあてはまる数を書きましょう。

📖教 下68〜69ページ❸　20点(1つ5)

①　食べた人数を□人として式に表すと、

　　⑦□×□＝28 となります。

②　□にあてはまる数は、⑦□÷4 でもとめられます。

　　28÷4＝⑦□です。

③　チョコレートを食べた人数は⑦□人です。

2 □このクッキーを 6 人で同じ数ずつ分けたら、｜人分は 20 こでした。□にあてはまる数をもとめましょう。　📖教 下70ページ❹　30点(式20・答え10)

式

答え（　　　　　　　　）

3 □にあてはまる数をもとめましょう。　📖教 下70ページ④　50点(1つ10)

①　□×6＝48

②　□×7＝63

③　4×□＝32

④　□÷3＝12

⑤　□÷5＝10

教科書📖　下68〜70ページ

きほんの
ドリル
64.

15 小数
小数の表し方

......(1)

[はしたの大きさの表し方には、分数のほかに小数があります。]

❶ 1Lますに水が入っています。□にあてはまる数を書きましょう。

📖教 下75〜77ページ**1**　40点(1つ10)

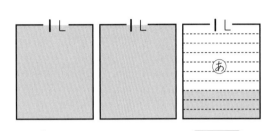

① $\frac{1}{10}$ L を小数で表すと ⑦ □ L です。

② ⑥の1Lますに入っている水のかさは、0.1Lの ⑦ □ つ分で、

⑦ □ L です。

③ 2Lの水と、⑥の水をあわせた水のかさは、⑦ □ L です。

❷ ( )にあてはまる言葉を書きましょう。📖教 下75〜77ページ**1**　20点(1つ10)

① 0.3や2.8のような数を( )といいます。

② 0、1、2、3や281のような数を( )といいます。

❸ それぞれの水のかさを小数で答えましょう。📖教 下77ページ**3**　40点(1つ20)

①

②

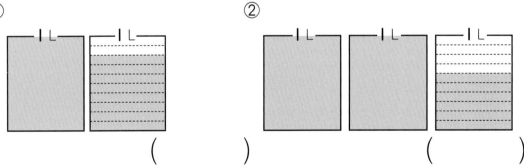

(　　　　)　　　　　　　　(　　　　)

15 小数
小数の表し方　　　……(2)

[10 mm＝1 cm、1 mm＝0.1 cm です。]

1 下の図で、左はしから①、②、③、④のめもりまでの長さは、小数で表すとそれぞれ何 cm でしょうか。　📖教下78ページ2、◇　40点(1つ10)

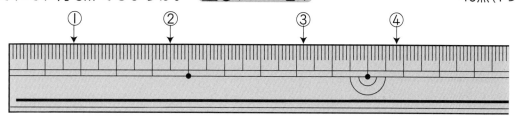

①(　　　　　) ②(　　　　　) ③(　　　　　) ④(　　　　　)

2 □にあてはまる数を書きましょう。　📖教下78〜79ページ　30点(1つ6)

① 3.6 cm は □ cm □ mm です。　② 7L8dL は □ L です。

③ 6 cm 7 mm は □ cm です。　④ 62 と 0.7 をあわせた数は □ です。

⑤ 0.1 を 427 こあつめた数は □ です。

[小数も数直線に表して考えることができます。]

3 0.7、1.9、2.3 を表すめもりに↓をかきましょう。　📖教下79ページ3

15点(1つ5)

```
0         1         2         3
|ーーーーーー|ーーーーーー|ーーーーーー|
```

4 数の大小をくらべて、□に不等号を書きましょう。

📖教下80ページ4、81ページ5　15点(1つ5)

① 3.3 □ 4　　② $\frac{6}{10}$ □ 0.9　　③ $\frac{3}{10}$ □ 0.2

サクッと
こたえ
あわせ

15　小数

小数のたし算、ひき算　　　……(1)

答え 93ページ

[小数も整数と同じように、たし算の計算をすることができます。]

1 お茶がポットに 2.4 L、やかんに 1.2 L 入っています。あわせて何 L あるか
計算します。□にあてはまる数を書きましょう。　📖教下82〜83ページ❻　40点(1つ5)

① 2.4＋1.2 を計算します。

まおさんとこうきさんは、計算のしかたを次のように考えました。

まお

0.1 をもとにして考えて、

2.4 は、0.1 が ⑦ 24 こ

1.2 は、0.1 が ⑦ □ こ

あわせて 0.1 が ⑦ □ こ

こうき

位ごとに数を分けて考えて、

2.4 は、2 と ④ 0.4

1.2 は、1 と ⑦ □

あわせて 3 と ⑦ □

② 2.4＋1.2＝ ⑦ □ ですから、お茶のかさはあわせて ⑦ □ L です。

2 筆算でしましょう。　📖教下83〜85ページ　　60点(1つ10)

① 4.8＋1.1
```
  4.8
+ 1.1
```

② 7.6＋1.5

③ 0.7＋0.6

④ 4.8＋5.2

⑤ 32＋6.8
```
  32.0
+  6.8
```

⑥ 63.3＋0.5

4.8＋1.1 は
```
  4.8
+ 1.1
  5.9
```
と筆算で計算
できます。

教科書 📖 下82〜85ページ

15 小数

小数のたし算、ひき算 ……(2)

[小数も整数と同じように、ひき算の計算をすることができます。]

1 りんごジュースが 3.4 L あります。2.1 L 飲むと、のこりは何 L になるか計算します。□にあてはまる数を書きましょう。　📖教下86ページ🔟　40点(1つ5)

①　3.4−2.1 を計算します。

ひろとさんとちかさんは計算のしかたを次のように考えました。

ひろと	ちか
0.1 をもとにして考えて、	位ごとに数を分けて考えて、
3.4 は、0.1 が $\boxed{^{ア}34}$ こ	3.4 は、3 と $\boxed{^{エ}0.4}$
2.1 は、0.1 が $\boxed{^{イ}}$ こ	2.1 は、2 と $\boxed{^{オ}}$
のこりは 0.1 が $\boxed{^{ウ}}$ こ	のこりは 1 と $\boxed{^{カ}}$

②　3.4−2.1＝$\boxed{^{キ}}$ ですから、ジュースののこりは $\boxed{^{ク}}$ L です。

2 筆算でしましょう。　📖教下86〜87ページ🔟　　60点(1つ10)

①　7.6−0.3
```
  7.6
− 0.3
```

②　0.9−0.2

③　2.3−0.7

④　36.3−14.6

⑤　6−0.8
```
  6.0
− 0.8
```

⑥　31.2−3.6

教科書 📖 下86〜87ページ

サクッと
こたえ
あわせ
答え **94**ページ

16　2けたの数のかけ算
何十をかける計算

[4×30 の計算は、4×3 の答えを 10 倍にして、もとめることができます。]

1 1組6まいのシールが 30 組あります。シールは全部で何ま
いあるかを考えます。□にあてはまる数を書きましょう。

📖教下93〜94ページ**1**　　20点(1つ5)

① 式は、$\boxed{6}^{⑦}$×30 です。

② 3組ずつ1たばにすると、30 組は 10 たばになります。

6×30 組の計算は、6×3×10＝$\boxed{18}^{⑦}$×10＝$\boxed{}^{⑦}$ のように

もとめられます。

③ シールは、全部で $\boxed{}^{⑤}$ まいあります。

2 色紙を1人に 15 まいずつ 40 人に配ります。色紙は全部で何まいいるかを考え
ます。□にあてはまる数を書きましょう。　📖教下95ページ**2**　　20点(1つ5)

① 式は、$\boxed{15}^{⑦}$×40 です。

② 15×40＝15×4×$\boxed{}^{⑦}$＝$\boxed{}^{⑦}$×10 で計算します。

③ 答えは、$\boxed{}^{⑤}$ まいです。

10 倍すると
0が1つついた
数になるんだったね。

⚠️ミスに注意!
3 計算をしましょう。　📖教下95ページ**2**　　60点(1つ10)

① 7×20　　　② 8×30　　　③ 5×90

④ 23×30　　　⑤ 37×20　　　⑥ 20×30

教科書 📖 下92〜95ページ

時間 15分 ┃ 合かく 80点 ┃ /100 ┃ 月　日

答え 94ページ

16　2けたの数のかけ算
2けた×2けたの計算 ……（1）

[2けた×2けたの計算は、かける数を2つに分けて考えます。]

1 12×32の計算のしかたを考えます。□にあてはまる数を書きましょう。

📖教下95〜96ページ❸　50点（1つ10）

① 32を30と2に分けて

12×30＝ ⑦＿＿＿

12× 2 ＝ 24

12×32＝ ⑦＿＿＿

たす

（2けた）×（2けた）の計算を、かける数を一の位と十の位の2つに分けて考えます。

② 筆算のしかたを考えて

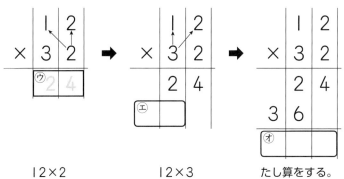

12×2　　　12×3　　　たし算をする。

36は360のことだから、1けたずらして書くんだね。

2 筆算でしましょう。　📖教下97ページ④　　50点（1つ10）

① 21×14

② 13×32

③ 37×21

④ 16×34

⑤ 38×22

サクッと
こたえ
あわせ

答え 94ページ

16　2けたの数のかけ算
2けた×2けたの計算　　　　　……(2)

[2けたどうしの筆算で十の位の数をかけるときに、書く場所に気をつけましょう。]

❶ 45×63 の筆算のしかたを考えます。

□にあてはまる数を書きましょう。　📖教下97ページ❹　　20点(1つ5)

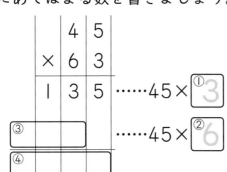

……45× ①3

……45× ②6

63 を3と60に分けて
考えるんだね。
45×60 は 45×6 を
計算して1けたずらして
書くんだよ。

❷ 32×93 の筆算のしかたを考えます。

□にあてはまる数を書きましょう。　📖教下97ページ❹　　20点(1つ5)

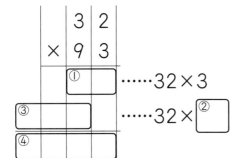

……32×3

……32× ②

32×9 は1けたずらして
書きます。
書くところを
まちがえないように
しましょう。

❸ 計算をしましょう。　📖教下97ページ❻　　60点(1つ10)

① 　52
　×24

② 　66
　×34

③ 　87
　×16

④ 　36
　×28

⑤ 　49
　×71

⑥ 　43
　×92

教科書 📖 下97ページ

16 2けたの数のかけ算
計算のくふう

[0をかける計算は、はぶくことができます。]

❶ 23×40 の計算のしかたを考えます。

□にあてはまる数を書きましょう。　📖教 下98ページ **5**　20点(1つ5)

この計算をはぶく

$$\begin{array}{r} 23 \\ \times\ 40 \\ \hline \end{array}$$

⑦ …… 23×0

92 …… 23× ①

→

$$\begin{array}{r} 23 \\ \times\ 40 \\ \hline 92\ ⊥ \end{array}$$

23×0=0を
書かないと、
かんたんに
筆算が
できるね。

[かけ算では、かけられる数とかける数を入れかえて計算しても、答えは同じになります。]

❷ 70×38 の計算のしかたを考えます。　📖教 下98ページ **6**　20点(1つ10)

① 70×38 = □ ×70

②

$$\begin{array}{r} 38 \\ \times\ 70 \\ \hline \end{array}$$

$$\begin{array}{r} 70 \\ \times\ 38 \\ \hline 560 \\ 210\ \ \\ \hline 2660 \end{array}$$
よりかんたんだね。

❸ くふうして、筆算をしましょう。　📖教 下98ページ ⑧　60点(1つ10)

① 23×30

② 28×70

③ 20×79

④ 50×85

⑤ 5×46

⑥ 40×82

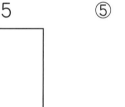

教科書 📖 下98ページ

サクッと
こたえ
あわせ

答え 94ページ

16 2けたの数のかけ算
3けた×2けたの計算 ……(1)

[3けた×2けたの計算も、2けた×2けたと同じように考えられます。]

1 318×23の計算のしかたを考えます。□にあてはまる数を書きましょう。

📖教 下99ページ**7** 50点(1つ10)

① 23 を 20 と 3 に分けて

$318×20=$ ㋐

$318× 3 = 954$

たす

$318×23=$ ㋑

23 を 20 と 3 に分けて
考えるんだね。

② 筆算のしかたを考えて

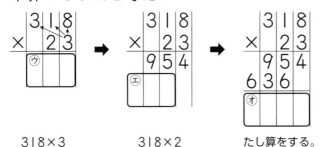

318×3   318×2   たし算をする。

318×20 は、
318×2 を計算
して1けたずら
して書くんだよ。

2 筆算でしましょう。 📖教 下100ページ◇ 50点(1つ10)

① 218×35

② 168×42

③ 316×13

④ 274×28

⑤ 303×32

教科書 📖 下99〜100ページ

答え 95ページ

16 2けたの数のかけ算
3けた×2けたの計算 ……(2)

1 632×48 の計算のしかたを考えます。□にあてはまる数を書きましょう。

教下100ページ8　50点(1つ10)

① 48 を 40 と 8 に分けて

632×40＝ ㋐ [   ]

632× 8 ＝ 　　　5056

632×48＝ ㋑ [   ]

② 筆算のしかたを考えて

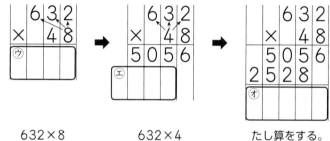

632×8　　　632×4　　　たし算をする。

2528は1けた
ずらして書きます。

2 筆算でしましょう。 教下100ページ◈

50点(1つ10)

① 863×72

② 794×63

③ 528×29

④ 506×42

⑤ 700×49

16　2けたの数のかけ算

1 計算をしましょう。　　　　　　　　　　　　　　60点(1つ5)

① 　41
　×22

② 　24
　×39

③ 　58
　×46

④ 　13
　×93

⑤ 　65
　×48

⑥ 　54
　×70

⑦ 　314
　× 21

⑧ 　224
　× 43

⑨ 　125
　× 24

⑩ 　528
　× 30

⑪ 　906
　× 47

⑫ 　794
　× 60

2 1本85円のジュースを34本買うと、代金は何円になるでしょうか。

20点(式10・答え10)

式

答え (　　　　　　　　　　)

3 1m236円のロープがあります。このロープを21m買うと、代金は何円になるでしょうか。　　　　　　　　　20点(式10・答え10)

式

答え (　　　　　　　　　　)

教科書 📖 下92〜101ページ

答え 95ページ

17 倍の計算

❶ テープの長さを調べます。⑧のテープの長さは8cmです。⑩のテープの長さは、⑧のテープの長さの3倍です。⑪のテープの長さは、⑩のテープの長さの2倍です。□にあてはまる数を書きましょう。　📖教下105〜106ページ　　100点(1つ10)

① ⑩、⑪のテープを図に表しましょう。

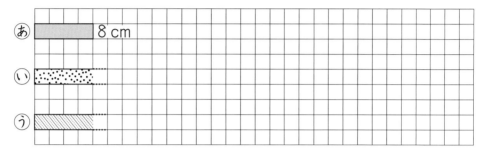

② ⑩のテープの長さは、⑧のテープの長さの $\boxed{^{⑦}}$ 倍だから、

$\boxed{^{⑦}}$ ×3で $\boxed{^{⑨}}$ cmになります。

③ ⑪のテープの長さは、⑩のテープの長さをもとにすると、

⑩のテープの長さの2倍だから、24×2で $\boxed{^{⑨}}$ cmになります。

④ ⑪のテープの長さが、⑧のテープの長さの何倍かを調べます。

⑪のテープは⑧のテープを3倍して、さらに $\boxed{^{⑦}}$ 倍した長さだから、

8×3× $\boxed{^{⑦}}$ ＝8×(3× $\boxed{^{⑦}}$)で、⑧のテープの $\boxed{^{⑦}}$ 倍になります。

教科書 📖 下105〜108ページ

18 そろばん
そろばんの数の表し方／そろばんの計算 ……（1）

[そろばんで計算するときは、くり上がりやくり下がりに注意します。]

① 3＋3 の計算をします。□にあてはまる数を書きましょう。

📖教下111〜112ページ**1**、113ページ**4**　10点（1つ5）

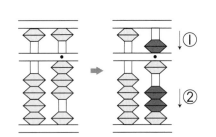

5を入れて、入れすぎた ⑦2 をとる。

3＋3＝ ⑦□

② 6−3 の計算をします。□にあてはまる数を書きましょう。

📖教113ページ**5**　15点（1つ5）

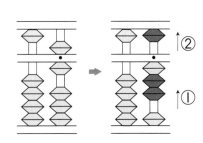

⑦□ を入れて、⑦□ をとる。

6−3＝ ⑦□

③ 8＋4 の計算をします。□にあてはまる数を書きましょう。

📖教下113ページ**6**　15点（1つ5）

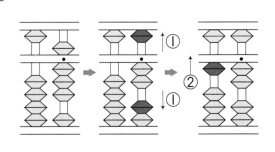

⑦□ をとって、⑦□ を入れる。

8＋4＝ ⑦□

4とあわせて10に
なる6をとるよ。

④ そろばんで計算しましょう。 📖教下113ページ**2**、**3**　60点（1つ10）

① 21＋74　　　② 178−156　　　③ 3＋4

④ 6−4　　　⑤ 3＋9　　　⑥ 14−6

時間 15分 ｜ 合かく 80点 ／100 ｜ 月　日

18 そろばん
そろばんの計算 ……(2)

答え 96ページ

[定位点を一の位に決めて、さまざまな位で計算ができます。]

1 12万－7万の計算をします。□にはあてはまる数を、( )にはあてはまる言葉を書きましょう。 📖教下114ページ**9** 25点(1つ5)

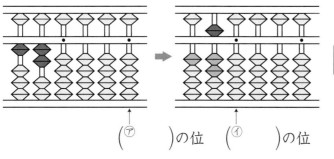

$(⑦　)$の位　$(⑦　)$の位

⑦ □万をひくには、

⑦ □万をとって

とりすぎた ⑦ □万を入れる。

2 4.8＋0.3の計算をします。□にあてはまる数を書きましょう。 📖教下114ページ**10** 15点(1つ5)

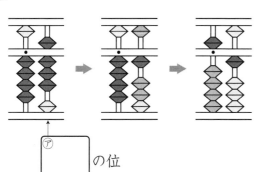

⑦ □の位

0.3をたすには、⑦ □をとって

⑦ □を入れる。

3 そろばんで計算しましょう。 📖教下114ページ④、⑤ 60点(1つ5)

① 4万＋5万　　② 7万＋6万　　③ 5万＋5万

④ 9万－3万　　⑤ 17万－6万　　⑥ 14万－8万

⑦ 1.7＋2.2　　⑧ 3.5＋0.7　　⑨ 4.5＋8.2

⑩ 9.8－3.5　　⑪ 2.4－0.6　　⑫ 1－0.6

教科書 📖 下114ページ

かけ算のきまり／時こくと時間／
たし算とひき算／わり算／長さ

時間 15分 ／ 合かく 80点 ／100

月 日

答え 96ページ

1 □にあてはまる数を書きましょう。　　　　20点(1つ5)

① 0×5=□

② 4×□=28

③ 8×10=□×8

④ 6×9=6×□+6

2 みかさんは、午前9時15分発の電車に乗っておばあさんの家がある町に行きました。駅には右の時こくに着きました。みかさんが電車に乗っていた時間は、何時間何分でしょうか。　　20点

(　　　　　　　　　　　)

3 計算をしましょう。　　　　20点(1つ5)

① 273+115

② 482+267

③ 3623−738

④ 4003−968

4 計算をしましょう。　　　　30点(1つ5)

① 24÷6

② 42÷7

③ 33÷3

④ 13÷4

⑤ 63÷8

⑥ 48÷7

5 下の図で㋐と㋑のめもりをよみましょう。　　10点(1つ5)

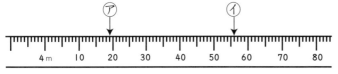

㋐(　　　　　　　　)

㋑(　　　　　　　　)

表とぼうグラフ／10000より大きい数／円と球／かけ算の筆算

1 下の表や右のグラフは、あきらさんの組で、すきなおかしのしゅるいを調べたものです。

すきなおかし調べ

しゅるい	クッキー	チョコレート	キャンディ	ガム	その他
人数(人)	7	10	㋐	5	6

① ㋐にあてはまる数を書きましょう。 10点

② グラフのつづきをかきましょう。 20点

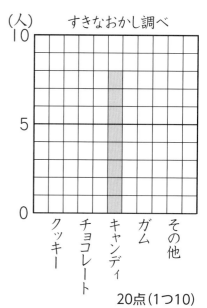

(人) すきなおかし調べ
10

5

0
クッキー　チョコレート　キャンディ　ガム　その他

20点(1つ10)

2 次の数を数字で書きましょう。

① 八千六百十万二百三

(　　　　　　　　)

② 1000万を2こと1000を7こあわせた数

(　　　　　　　　)

3 右の図のように半径2.5cmの円を3こならべました。直線アイの長さは何cmになるでしょうか。 10点

(　　　　　　　　)

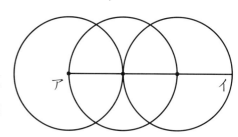
ア　　　　　　　　　　イ

4 計算をしましょう。 40点(1つ5)

① 　18
　×　3

② 　26
　×　4

③ 　279
　×　　3

④ 　697
　×　　5

⑤ 　34
　×13

⑥ 　49
　×76

⑦ 　538
　×　23

⑧ 　608
　×　68

重さ／分数／□を使った式と図／小数

1 重さ 320g のかごにりんごを入れて重さをはかったら、右のようになりました。りんごだけの重さをもとめましょう。　　　30点(式15・答え15)

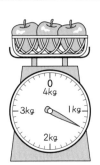

式

答え（　　　　　　　　）

2 計算をしましょう。　　　20点(1つ5)

① $\frac{4}{7}+\frac{2}{7}$

② $\frac{1}{6}+\frac{4}{6}$

③ $\frac{16}{21}-\frac{5}{21}$

④ $\frac{11}{13}-\frac{8}{13}$

よく読んで!

3 ちはるさんの持っているビー玉の数は、まきさんの持っているビー玉の数より 12こ多い 23こです。まきさんの持っているビー玉は何こでしょうか。□を使った式に表して、答えをもとめましょう。　　　30点(式15・答え15)

式

答え（　　　　　　　　）

4 計算をしましょう。　　　20点(1つ5)

① 5.3＋1.9

② 26.3＋0.9

③ 2.8＋2.2

④ 31.2－0.3

●ドリルやテストが終わったら、うしろの「がんばり表」に色をぬりましょう。
●まちがえたら、かならずやり直しましょう。「考え方」もよみ直しましょう。

😊1。 1 かけ算のきまり　1ページ

1 ①㋐0　㋑0　㋒2　㋓2　㋔3　㋕0
②㋖0　㋗0

2 ①0　②0　③0　④0　⑤0　⑥0

考え方 **1** ①(入ったところの点)×(入った数)＝(とく点)の式でもとめます。0のときも、かけ算の式でもとめます。
2 ①、②、③どんな数に0をかけても、答えは0になります。
④、⑤、⑥0にどんな数をかけても、答えは0になります。

😊2。 1 かけ算のきまり　2ページ

1 ①かけられる数　②8　③9
④7　⑤6　⑥6
⑦8　⑧6　⑨4

2 ①2　②5
③5　④4
⑤2

考え方 **1** かけ算では、かける数が1ふえると、答えはかけられる数だけ大きくなり、かける数が1へると、答えはかけられる数だけ小さくなる、というきまりを使います。

😊3。 1 かけ算のきまり　3ページ

1 ①㋐4　②㋑4　㋒3　㋓12
③㋔120

2 ①㋐3　②㋑3　㋒5　㋓15
③㋔1500

3 ①60　②90　③240
④2800　⑤4200

考え方 **123** 何十、何百のかけ算では、10または100をもとにして考えます。

😊4。 1 かけ算のきまり　4ページ

1 ①㋐3　㋑2
②㋒2　㋓6
③㋔36

2 ①式　8×5×2＝80　　答え　80
②式　8×(5×2)＝80　　答え　80

3 ①60　②240

4 ①6　②6

考え方 **12** かけ算では、前からじゅんにかけても、後の2つを先にかけても、答えは同じになる、というきまりを使います。
4 九九の表を使ったり、九九をとなえたりして、あてはまる数を見つけます。

😊5。 2 時こくと時間　5ページ

1 午後4時35分

2 ①午後3時15分　②午前9時35分
③午前11時15分　④午後6時35分

3 ①1時間15分　②50分間

考え方 **2** 図で考えると、次のようになります。

②

④
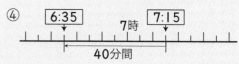

3 図で考えると、次のようになります。

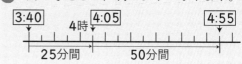

6. ② 時こくと時間

① ①秒　②60　③130　④25

② ①2分20秒　②3分　③9分

③ ①分　②秒　③時間

考え方 **①** 1分より短い時間をはかる単位を秒といいます。1分=60秒です。

② ①2分20秒=140秒

②3分=180秒

③9分=540秒

---

7. ③ たし算とひき算

① ①⑦12　①1　②⑦4　①7

③⑦6　④⑦672

②

①
```
  163
+ 423
  586
```

②
```
  313
+ 428
  741
```

③
```
  677
+ 217
  894
```

③

①
```
  243
+ 395
  638
```

②
```
  172
+ 476
  648
```

③
```
  574
+ 254
  828
```

④
```
  357
+ 268
  625
```

⑤
```
  474
+ 388
  862
```

考え方 3けたどうしのたし算も、筆算では位をそろえて、一の位からじゅんに計算していきます。

---

8. ③ たし算とひき算

①

①
```
   526
+  632
  1158
```

②
```
   437
+  725
  1162
```

③
```
   387
+  938
  1325
```

②

①
```
   668
+  521
  1189
```

②
```
   423
+  679
  1102
```

③
```
   542
+  487
  1029
```

④
```
   673
+  589
  1262
```

⑤
```
   827
+  176
  1003
```

---

③

①
```
   5236
+  2419
   7655
```

②
```
   3685
+  4278
   7963
```

③
```
   1257
+  5958
   7215
```

④
```
   2995
+  2859
   5854
```

考え方 答えが4けたになる計算です。百の位でくり上がった数は千の位の数字です。

---

9. ③ たし算とひき算

① ①⑦5　②①1　③⑦4　④①415

②

①
```
  815
- 463
  352
```

②
```
  264
- 179
   85
```

③
```
  911
- 731
  180
```

③

①
```
  428
- 256
  172
```

②
```
  746
- 381
  365
```

③
```
  523
- 346
  177
```

④
```
  325
-  47
  278
```

⑤
```
  430
- 168
  262
```

考え方 3けたどうしのひき算も、筆算では位をそろえて、一の位からじゅんに計算していきます。

❶ ①㋐4　②㋑6　③㋒3　㋓5
　④㋔564

❷ ①
$$406-128=278$$
②
$$1000-837=163$$
③
$$600-205=395$$
④
$$1176-825=351$$
⑤
$$2321-511=1810$$
⑥
$$3503-862=2641$$
⑦
$$3004-568=2436$$
⑧
$$1004-927=77$$
⑨
$$1322-631=691$$
⑩
$$2687-1365=1322$$
⑪
$$5782-2591=3191$$
⑫
$$7323-4819=2504$$

考え方 十の位からくり下げるとき、十の位の数が0の場合には、百の位から十の位にくり下げ、さらに十の位から一の位にくり下げます。

❶ ①㋐14　㋑69　㋒79
　②㋓79　㋔83
❷ ①㋐30　㋑6　㋒43
　②㋓43　㋔37
❸ ①64　②62　③56　④15　⑤46

考え方 くり返し練習して、はやく計算できるようにしましょう。

❶ ①㋐2　㋑2　㋒548
　②㋓1　㋔1　㋕377
❷ ①657　②1028　③117　④205
❸ ①933　②823　③796

考え方 問題ごとに、どんなくふうがひつようか、計算する前に考えてみましょう。

❶ ①
$$632+187=819$$
②
$$504+250=754$$
③
$$415-289=126$$

❷ ①
$$615+188=803$$
②
$$267+675=942$$
③
$$439-176=263$$
④
$$3119+4098=7217$$
⑤
$$5715+2995=8710$$
⑥
$$1003-298=705$$
⑦
$$846+389=1235$$
⑧
$$1506-728=778$$
⑨
$$6251-3369=2882$$

❸ ①807　②978
❹ 式　$524-486=38$　答え　38人

考え方 くり上げた1やくり下げた1をわすれずに計算しましょう。

❶ ①㋐18　㋑6
　②㋒6　㋓3
❷ 式　$24÷4=6$　答え　6ふくろ
❸ 式　$14÷2=7$　答え　7ふくろ

考え方 ❶ 18÷6のような計算をわり算といい、18÷6=3は、18わる6は3と読みます。

❶ ①㋐7
　②㋑1　㋒7　㋓2　㋔14　㋕3
　　㋖21　㋗4　㋘28
　③㋙7　㋚4　㋛4
❷ 式　$24÷3=8$　答え　8人
❸ 式　$30÷5=6$　答え　6人

考え方 ❶ 28÷7の答えは、7×□=28の□にあてはまる数です。7のだんの九九で見つけます。

16. 4 わり算

16 ページ

❶ ①⑦18　①6
　②⑦3　　エわられる数　　オわる数
❷ 式　24÷6＝4　　答え　4こ
❸ 式　16÷2＝8　　答え　8こ

考え方 ❶ 同じ数ずつ分けると1人分は何こになるかを考えるとき、わり算の式になります。
❷ 24÷6は、□×6＝24の□にあてはまる数なので、6のだんの九九で見つけられます。
❸ 16÷2は、□×2＝16の□にあてはまる数なので、2のだんの九九で見つけられます。

17. 4 わり算
17 ページ

❶ ①⑦5
　②①5　⑦2　エ10　オ3　⑦15
　③⑦5　　　④⑦3　⑦3
❷ ①式　42÷7＝6　　答え　6こ
　②式　42÷6＝7　　答え　7こ

考え方 ❶ 同じ数ずつ分けると1人分は何さつになるかを考えるときも、わり算の式になります。
❷ ①42÷7は、□×7＝42の□にあてはまる数なので、7のだんを考えます。
　②42÷6は、□×6＝42の□にあてはまる数なので、6のだんを考えます。

18. 4 わり算
18 ページ

❶ ①⑦6　①3　②⑦6　エ3
❷ ①3　②5　③9　④4　⑤8
❸ ①式　54÷9＝6　　答え　6本
　②式　54÷9＝6　　答え　6cm

考え方 ❶ ①の問題の答えは、3×□＝6の□にあてはまる数です。また、②の問題の答えは、□×3＝6の□にあてはまる数です。
❸ ①、②とも同じわり算の式になります。何をもとめているかに注意して答えます。

19. 4 わり算
19 ページ

❶ ①⑦10　①2　⑦2
　②エ5　オ1　⑦1
　③⑦0　⑦0　⑦0
❷ ①⑦1　①9　⑦9
　②エ1　オ4　⑦4
　③⑦1　⑦0　⑦0
❸ ①1　②0　③5
　④0　⑤3

考え方 ❶ ③、④0をどんな数でわっても、答えは0になります。
❸ ③、⑤わる数が1のとき、答えはわられる数と同じになります。

20. 4 わり算
20 ページ

❶ ①⑦80　①4　②⑦20　エ20
❷ 式　36÷3＝12　　答え　12cm
❸ ①10　②20　③11　④34

考え方 ❶ 10をもとにして考えます。80は10の8こ分ですから8÷4＝2、答えは10が2こ分の20となります。
❷ 位ごとにわり算をします。36÷3は、30÷3と6÷3に分けて考えます。
30÷3＝10、6÷3＝2　1人分の紙テープの長さは、10＋2＝12（cm）になります。
❸ ①、②10をもとにして考えます。
③、④位ごとに計算します。

21. 4 わり算
21 ページ

❶ 式　28÷4＝7　　答え　7人
❷ ①式　32÷4＝8　　答え　8こ
　②式　36÷4＝9　　答え　9こ
❸ ⑦63　①7
❹ ①3　②2　③9　④8　⑤3
　⑥9　⑦1　⑧0　⑨4

考え方 ❹ ⑦わられる数とわる数が同じ数のとき、答えは1になります。
⑧0をどんな数でわっても、答えは0です。
⑨どんな数を1でわっても、答えはわられる数と同じになります。

22. 5 長さ （22ページ）

❶ ①cm　　　②34　　　③68
❷ ①66cm　②1m8cm　③1m53cm
❸ ①10mのまきじゃく
　②30cmのものさし
　③1mのものさし　　④2mのまきじゃく

（考え方）❶❷ 1めもりは1cmを表しています。
❸ 長いものや、まるいところをはかるには、まきじゃくを使うとべんりです。

23. 5 長さ （23ページ）

❶ ①⑦1000　　⑦km　　②⑨3200
　③㋓2
❷ ①1190m　②1km190m
　③1280m　④1200m

（考え方）❶ 1kmは1000mです。
❷ 道にそってはかった長さが道のりで、まっすぐにはかった長さがきょりです。
　①、②230+960=1190（m）
　　1190mは1km190mです。
　③320+960=1280（m）

24. 6 表とぼうグラフ （24ページ）

❶ ①4台
　②⑦4　⑦3　⑨4　㋓5　㋔2　㋕29
　③パトカー、きゅうきゅう車
　④29台　　⑤乗用車

（考え方）❶ 一…1台、丅…2台、下…3台、正…4台、正…5台を表しています。

25. 6 表とぼうグラフ （25ページ）

❶ ①1人　②3人　③人数が多いじゅん
❷ ①10分　②90分間

（考え方）❶ 調べたことを、ぼうグラフに表すと、大きさがくらべやすくなります。
　ぼうグラフの1めもりは1人を表しています。
❷ 2めもりが20分を表しているから、1めもりは10分です。

26. 6 表とぼうグラフ （26ページ）

❶ ①～④
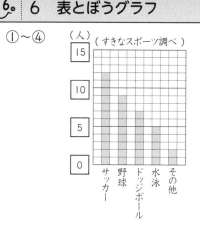
❷ ①、②
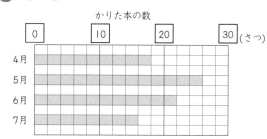

（考え方）❶ めもりは、いちばん多い人数が表せるようにします。また、単位や表題もわすれずに書くようにします。
❷ ①1めもりは2さつを表します。

27. 6 表とぼうグラフ （27ページ）

❶ ①⑦29　⑦14　⑨7　㋓25　㋔88
　②3年1組がかりた本の合計
　③3年生全体がかりた本の合計
　④
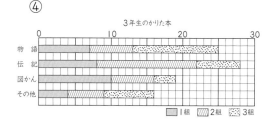

（考え方）❶ ①⑦は、2組の表から、⑨は3組の表からあてはめます。
　⑦…7+8+10+4=29（さつ）
　㋓…7+7+11=25（さつ）
　㋔…29+32+27=88（さつ）
　または25+28+19+16=88（さつ）

❶ ①（例）

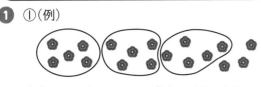

②⑦2、10、10　　⑨3、15、15
③3、3、3、3
❷ ①8あまり1　　　②3あまり3
③5あまり5　　　④5あまり6

考え方 ❶ あまりのあるわり算の答えも、
九九を使ってもとめられます。
❷ あまりの数はわる数より小さくなります。

❶ ①⑦6　　　　①3
②⑨6　　　　④3　　　　④27
③⑦わられる
❷ 式　62÷7=8あまり6
たしかめ　7×8+6=62
答え　8本できて、6mあまる
❸ ①8あまり1
たしかめ…3×8+1=25
②8あまり7
たしかめ…8×8+7=71
③6あまり1
たしかめ…7×6+1=43
④5あまり1
たしかめ…6×5+1=31

考え方 ❶ あまりのあるわり算の答えのた
しかめ方をおぼえましょう。

❶ ①⑦6　　　　①3
②⑨6　　　　④1　　　　④7
❷ 式　27÷6=4あまり3　　答え　5台
❸ 式　45÷7=6あまり3　　答え　6さつ

考え方 ❶ 計算の答えは6あまり3ですが、
あまりの3まいを入れる1箱がいります。
答えは6+1=7（箱）になります。
❷ あまりの3人がすわる1台がいるので、
4+1=5（台）が答えになります。
❸ あまりの3（cm）には、辞書を入れるこ
とはできません。

❶ ①4あまり2　　　②5あまり1
③4あまり3　　　④9あまり4
⑤6あまり4　　　⑥7あまり7
❷ ①4あまり3　　　②5
③○　　　　　　　④○
❸ 式　47÷6=7あまり5
答え　7本で、5本あまる
❹ 式　21÷2=10あまり1　答え　11日

考え方 ❷ ①あまりがわる数より大きく
なっています。
②わりきれるわり算です。
❹ 10日までに20ページ進めることがで
きるので、学習ドリルが終わるのは次の
11日めになります。

⭐ ①0　　　②5　　　③4　　　④8
⑤6　　　⑥9
⭐ ①0　　　　②0　　　　③60
④420　　　⑤600　　　⑥2000
⑦2700　　⑧240　　　⑨200
⭐ ①午後4時5分
②午後3時40分

考え方 1 ①0にどんな数をかけても、答えは0になることを表しています。

$\boxed{0} \times 8 = 0$

②$8 \times 5$と$\boxed{5} \times 8$の答えは同じになります。

③$4 \times 7$は4×6より$\boxed{4}$だけ大きくなります。

④かけられる数やかける数を分けて計算しても、答えは同じになります。

⑤「三六 18」→$3 \times \boxed{6} = 18$

⑥「九七 63」→$\boxed{9} \times 7 = 63$

3 次の図のように考えます。

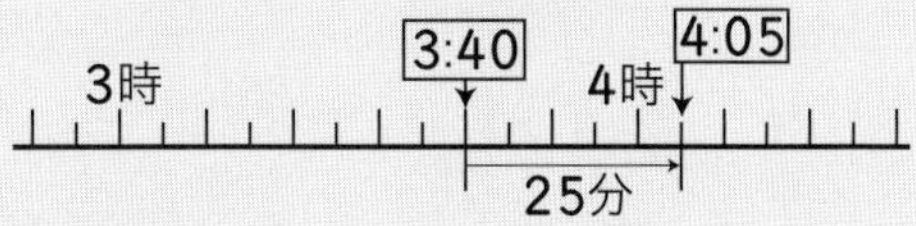

```
3時        3:40   4時   4:05
|_|_|_|_|_|_|_|_|_|_|_|_|_|_|_|_|
              |__25分__|
```

33. たし算とひき算／わり算／長さ (33 ページ)

1 ①
```
  544
+ 125
─────
  669
```
②
```
  419
+ 283
─────
  702
```
③
```
  948
- 526
─────
  422
```
④
```
  2 13 1
   343
- 189
─────
   154
```
⑤
```
     1
  ̶1 256
-   813
─────
    443
```
⑥
```
  2 10 10 1
  300 1
-  234
─────
  2767
```

2 ①9　②4　③7

④7　⑤1　⑥0

3 式 $28 \div 7 = 4$　答え 4本

4 ①3m 98cm　②4m 33cm

考え方 1 位をそろえて、一の位からじゅんに計算します。

2 ⑤わられる数とわる数が同じ数のとき、答えは1になります。

⑥0をどんな数でわっても、答えは0になります。

4 1めもりは1cmを表しています。

おうちのかたへ 4 1めもりが表している長さをまちがえないように注意しましょう。

34. 表とぼうグラフ／あまりのあるわり算 (34 ページ)

1 ①2人　②㋐6　④10

③ (人) 休んだ人数 (3年生)

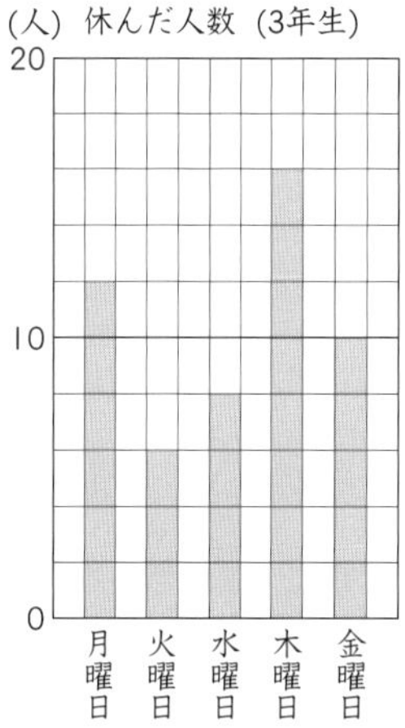

④52人

2 ①6あまり5　②3あまり2

③5あまり4　④7あまり2

⑤8あまり4　⑥8あまり5

3 式 $26 \div 4 = 6$あまり2　答え 7つ

考え方 1 ①5めもりが10人です。

④$12 + 6 + 8 + 16 + 10 = 52$

2 あまりのあるわり算の答えは九九を使ってもとめます。あまりはわる数より小さくなるようにします。

3 ベンチ6つと、のこり2人がすわるベンチがもう1ついるので、ベンチの数は全部で7ついります。

35. 8 10000より大きい数 (35 ページ)

1 ①㋐2　④20000　②㋒23400

2 ①15678　②15064111

3 ㋐45000　④70000

4 ①<　②=

考え方 1 1000が10こあつまると10000になります。

3 ①1めもりが1000です。②1めもりが10000です。

36. 8 10000より大きい数 (36 ページ)

1 ①㋐一億　④100000000

2 ㋐3000万　㋑1億

3 ㋐②　㋑④

考え方 ① 100000000 は一億とよみます。
② ⑤3000 万は 30000000 と答えてもいい
です。

37. 8 10000 より大きい数 37ページ

① ①⑦300　　①50　　　⑦350
　②⑤1　　　⑦350
② ①⑦100　　②①3500　⑦3500
③ ①360、3600、36000
　②8450、84500、845000

考え方 ① ある数を 10 倍すると、もとの
数の右はしに0を1つつけた数になります。
② 10 倍した数を 10 倍すると、100 倍
した数と同じになります。

38. 8 10000 より大きい数 38ページ

① ①⑦35　②①0　　⑦35　　①35
② ①4　　　②13　　③63　　④72
　⑤670　　⑥900

考え方 ① 一の位に0のある数を 10 でわ
ると、一の位の0をとった数になります。
② それぞれもとの数の一の位の0をとった
数になります。

39. 9 円と球 39ページ

① ①円　　　②中心　　③半径
　④同じ
② ①直径　②2　　　③アエ　　④5

考え方 ② 1つの円では、半径はすべて同
じ長さです。直径は半径の2倍ですから、
1つの円で、直径もすべて同じ長さです。
　また、円の中にかいた直線のうち、いち
ばん長い直線は、中心を通る直径です。

40. 9 円と球 40ページ

①
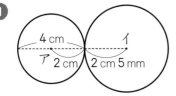

考え方 ②

次のように、コンパスで⑦の折
れ線を写し取ります。

③ 点⑦を中心に半径2cm の円を、点①を
中心に半径3cm の円をかきます。2つの
円の交わる点①が答えになります。

41. 9 円と球 41ページ

① ①⑦球　　　②①円　　　③⑦中心
　①半径　　⑤直径　　④⑥2
② 3cm
③ ⑦18cm　　①24cm

考え方 ② 2つ分で 12cm ですから、ボー
ル1こ分の直径は 12÷2=6 で、6cm です。
直径は半径の2倍の長さですから、この
ボールの半径は 6÷2=3 で、3cm です。
③ ⑦の長さは、ボール3こ分ですから、
6×3=18 で、18cm です。
①の長さは、ボール4こ分ですから、
6×4=24 で、24cm です。

42. 10 かけ算の筆算 42ページ

① ①⑦90　①96　　②⑦6　　①9
　③⑦96
② ①⑦40　①64　　②⑦4　　①6
③ ①　23　　②　34　　③　28
　　×　2　　　×　2　　　×　3
　　　46　　　　68　　　　84

考え方 ③ 筆算は、位をそろえて書き、一
の位からじゅんに計算します。

43. 10 かけ算の筆算 43ページ

① ①⑦150　①156　②⑦6　　①15
② ①⑦280　①296　②⑦6　　①29
③ ①　73　　②　21　　③　33
　　×　5　　　×　6　　　×　4
　　　365　　　126　　　132

④ 39 × 9 = 351 ⑤ 45 × 9 = 405 ⑥ 68 × 5 = 340

考え方 ③ 十の位、百の位へのくり上がりに気をつけて計算します。

① 73 × 5 = 15 ➡ 73 × 5 = 365
④ 39 × 9 = 81 ➡ 39 × 9 = 351

⑥ 68 × 5 = 40 ➡ 68 × 5 = 340

44. 10 かけ算の筆算 44ページ

❶ ①6 ②3 ③6

❷ ① 121 × 3 = 363 ② 412 × 2 = 824 ③ 234 × 2 = 468

❸ ①9 ②2 ③7

❹ ① 363 × 2 = 726 ② 172 × 4 = 688 ③ 248 × 3 = 744
④ 179 × 4 = 716

考え方 ❷ かけられる数が3けたになっても、計算のしかたは同じです。

❹ くり上がりがあるときは、くり上がった数をたすのをわすれないようにします。

① 363 × 2 = 6 ➡ 363 × 2 = 126 ➡ 363 × 2 = 726
③ 248 × 3 = 24 ➡ 248 × 3 = 144 ➡ 248 × 3 = 744

45. 10 かけ算の筆算 45ページ

❶ ①9 ②6 ③15

❷ ① 613 × 3 = 1839 ② 712 × 4 = 2848 ③ 465 × 4 = 1860
④ 438 × 3 = 1314

❸ ①2 ②1 ③24

④ ① 408 × 6 = 2448 ② 207 × 6 = 1242 ③ 460 × 9 = 4140

考え方 ❶ 百の位の計算が2けたになるときは、千の位にくり上がります。

❷ ① 613 × 3 = 9 ➡ 613 × 3 = 39 ➡ 613 × 3 = 1839
③ 465 × 4 = 20 ➡ 465 × 4 = 260 ➡ 465 × 4 = 1860

❸ かけられる数の0に気をつけましょう。

④ ① 408 × 6 = 48 ➡ 408 × 6 = 48 ➡ 408 × 6 = 2448

46. 10 かけ算の筆算 46ページ

❶ ①60 ②12 ③72

❷ ①84 ②99 ③70 ④92
⑤190 ⑥134

❸ 76円

考え方 ❷ かけられる数を2つに分けます。

① 21 × 4 = 84
20 1
└4┘
└80┘ あわせて

⑤ 38 × 5 = 190
30 8
└40┘
└150┘ あわせて

❸ 代金をもとめる式は 19×4 になります。

47. 10 かけ算の筆算 47ページ

❶ ① 39 × 2 = 78 ② 19 × 5 = 95 ③ 16 × 6 = 96
④ 48 × 3 = 144 ⑤ 231 × 3 = 693 ⑥ 121 × 8 = 968

❷ ① 284 × 2 = 568 ② 356 × 4 = 1424 ③ 468 × 3 = 1404
④ 764 × 5 = 3820 ⑤ 380 × 4 = 1520 ⑥ 609 × 9 = 5481

❸ 式 96×4=384 答え 384円

❹ 式 60×9=540 答え 5m40cm

考え方 ❶ くり上がりに気をつけて計算します。

❷ くり上がりに気をつけます。

⑤
$$\begin{array}{r} 380 \\ \times\ \ 4 \\ \hline 0 \end{array} \Rightarrow \begin{array}{r} 380 \\ \times\ \ 4 \\ \hline {}^3 20 \end{array} \Rightarrow \begin{array}{r} 380 \\ \times\ \ 4 \\ \hline 1520 \end{array}$$

48. 11 重さ（48ページ）

❶ ①⑦グラム　⑦1g　②⑦1　③⑤22

❷ ①⑦25　　②⑦10
　③⑦電池　　　⑤15

考え方 ❶ g（グラム）は重さの単位です。
1円玉1この重さが、ちょうど1gです。

49. 11 重さ（49ページ）

❶ ①10g　②1000g
　③教科書…170g　筆箱…330g

❷ ①⑦キログラム　⑦1kg　②⑦1000
　③⑤2　⑦400　　④⑦3　⑦70

考え方 ❶ ①0gから200gの間が20に分けられているので1めもりは10gです。
③教科書はめもり17こ分、筆箱は33こ分の重さです。

❷ kg（キログラム）は重いものをはかるときの重さの単位で、1kg=1000gです。

50. 11 重さ（50ページ）

❶ ①2kg200g
　②式　2kg200g－300g=1kg900g
　　答え　1kg900g
　③式　300g+1kg=1kg300g
　　答え　1kg300g

❷ 式　450g－180g=270g　答え　270g

考え方 ❶ ②はかりのしめす重さから、かごの重さをひいてもとめます。
③りんごの重さに、かごの重さをたしてもとめます。

❷ はかりのしめす重さから、ボウルの重さをひいて、さとうの重さをもとめます。

51. 11 重さ（51ページ）

❶ ①1000　②1000　③1000　④10
　⑤3　　⑥6000　⑦2

❷ ①1000　②1000　③1000

❸ ①5000　②4　　③15　　④5

考え方 ❶ ①1kmは1mの1000倍で、1000mです。
②1kgは1gの1000倍で、1000gです。
③1tは1kgの1000倍で、1000kgです。

❷ ②1mは、1mmを1000こあつめた長さです。

52. 12 分数（52ページ）

❶ ①⑦五分の一メートル　②⑦4
　③⑤3　⑤1　⑦3

❷ ①⑦五分の三メートル　②⑦分母　③⑤分子
　③⑤3　⑦4

❸ $\dfrac{5}{9}$L

考え方 ❶❷ 分母はもとの大きさを何等分したかを表し、分子は等分した大きさの何こ分かを表します。

❸ 1Lますを9等分したうちの5こ分ですから、水のかさは$\dfrac{5}{9}$Lです。

53. 12 分数（53ページ）

❶ ①⑦1　　②⑦分母　　⑦分子
　③⑤4

❷ ①>　　②<　　③=

❸ ①1　　②4

考え方 ❶ めもり1こ分が$\dfrac{1}{6}$で、⑦はその6こ分です。

54. 12 分数（54ページ）

❶ ①⑦2　⑦3　②⑤2　⑤3　⑦5
　③⑦$\dfrac{5}{7}$

❷ ①$\dfrac{5}{11}$　②$\dfrac{7}{10}$　③$\dfrac{3}{5}$　④1

考え方 **❶** $\frac{1}{7}$ をもとにして、分子どうしの
たし算 $2+3$ で答えをもとめます。
❷ 分母が同じ分数のたし算は、分子どうし
のたし算で考えます。

55. ┃2 分数 55 ページ

❶ ①⑦5　　　　①3
　　②⑦5　　　　④3　　　　　⑦2
　　③⑦$\frac{2}{7}$

❷ ①$\frac{2}{9}$　　②$\frac{3}{8}$　　③$\frac{3}{13}$　　④$\frac{7}{10}$

考え方 **❶** $\frac{1}{7}$ をもとにして、分子どうしの
ひき算 $5-3$ で答えをもとめます。
❷ 分母が同じ分数のひき算は、分子どうし
のひき算で考えます。

56. ┃3 三角形 56 ページ

❶ ①二等辺三角形　　　②正三角形
❷ ①あ、え　　②い、お

考え方 **❷** ①2つの辺の長さが等しい三角
形をえらびます。
②3つの辺の長さが等しい三角形をえらび
ます。

57. ┃3 三角形 57 ページ

❶ ①　②
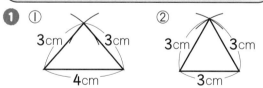

❷ （例）
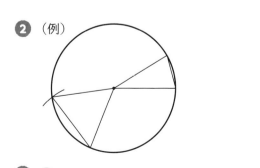

❸ あ

考え方 **❶** ①まず、4cm の辺アイをかき、
次に点ア、イを中心として、コンパスで半
径3cm の円をかき、もう1つの頂点ウを
見つけます。辺アウ、辺イウをかきます。
②まず、3cm の辺エオをかき、次に点エ、
オを中心として、コンパスで半径3cm の
円をかき、もう1つの頂点カを見つけます。
辺エカ、辺オカをかきます。

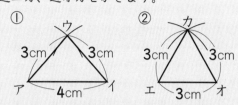

❷ 1つの円の半径は等しいので、円の中心
と円のまわりの上にある2つの点をむすぶ
三角形をかけば二等辺三角形になります。
また、円のまわりの上にとった1つの点か
ら、半径と同じ長さのところで円のまわり
の上にもう1つ点をとり、それらを中心と
むすべば正三角形になります。

❸ 広げた形の中で3つの辺の長さが等しい
三角形はあです。

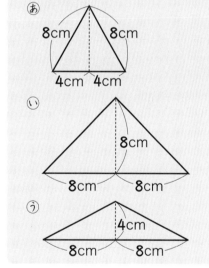

❶ ①い　②うとく、かとき　③か
❷ ①あ、う、い　②う、あ、い

❶ ①う　②い　③いとう
❷ ①三角形の名前…二等辺三角形
　　等しい大きさの角…いとう
　②三角形の名前…正三角形
　　等しい大きさの角…かときとく
❸ ①⑦2　　①5　　②⑦9

考え方 ❶❷ 二等辺三角形は、2つの角の大きさが等しくなっています。正三角形の3つの角の大きさは、すべて等しくなっています。
❸ 図にあと同じ正三角形をかき足すと、右の図のようになります。

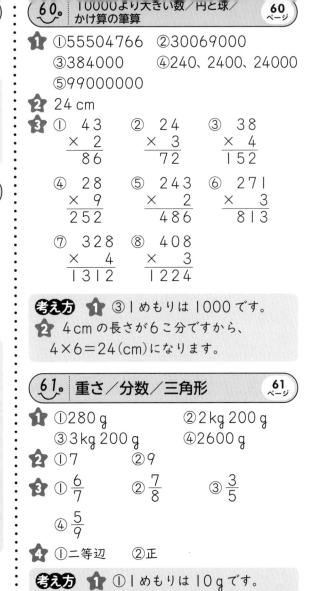

❶ ①55504766　②30069000
③384000　④240、2400、24000
⑤99000000
❷ 24 cm
❸
①　43
　×　2
　　86

②　24
　×　3
　　72

③　38
　×　4
　152

④　28
　×　9
　252

⑤　243
　×　2
　486

⑥　271
　×　3
　813

⑦　328
　×　4
　1312

⑧　408
　×　3
　1224

考え方 ❶ ③1めもりは1000です。
❷ 4cmの長さが6こ分ですから、
4×6＝24(cm)になります。

❶ ①280 g　②2kg 200 g
③3kg 200 g　④2600 g
❷ ①7　②9
❸ ①$\frac{6}{7}$　②$\frac{7}{8}$　③$\frac{3}{5}$
④$\frac{5}{9}$
❹ ①二等辺　②正

考え方 ❶ ①1めもりは10gです。
②1めもりは100gです。

おうちのかたへ ❶ ①、②1めもりがしめす重さを調べてから答えを求めましょう。

❶ ①⑦350　②⑦450　③⑦450
❷ 式　□−12=14　答え　26
❸ ①24　②7　③46　④35

考え方 ❶ 800−□=350 の□にあては
まる数は、800−350=450 になります。
❷ □−12=14 の□にあてはまる数は、
14+12=26 になります。
❸ □にあてはまる数のもとめ方は次のよう
になります。
①47−23=24　　②39−32=7
③38+8=46　　④7+28=35

❶ ①⑦4　②⑦28　⑦7　③⑦7
❷ 式　□÷6=20　答え　120
❸ ①8　②9　③8　④36　⑤50

考え方 ❶ 4×□=28 の□にあてはまる
数は、28÷4=7 になります。
❷ □÷6=20 の□にあてはまる数は、
20×6=120 になります。
❸ □にあてはまる数のもとめ方は次のよう
になります。
①48÷6=8　　②63÷7=9
③32÷4=8　　④12×3=36
⑤10×5=50

❶ ①⑦0.1　②⑦3　⑦0.3　③⑦2.3
❷ ①小数　②整数
❸ ①1.8 L　②2.6 L

考え方 ❶ ⑦の水のかさは、1L を 10 等
分した $\frac{1}{10}$ L=0.1 L の 3 つ分です。

❶ ①1.8 cm　②4.5 cm
　③8.2 cm　④10.8 cm
❷ ①3、6　②7.8　③6.7
　④62.7　⑤42.7
❸

❹ ①<　　②<　　③>

考え方 ❶ ①1 cm 8 mm=1.8 cm
②4 cm 5 mm=4.5 cm
③8 cm 2 mm=8.2 cm
④10 cm 8 mm=10.8 cm
❷ ②1 dL は、0.1 L です。
❸ 1 めもりは、0.1 を表しています。

❶ ①⑦24　⑦12　⑦36　⑦0.4
　　⑦0.2　⑦0.6
　②⑦3.6　⑦3.6
❷
```
①            ②            ③
   4.8          7.6          0.7
 + 1.1        + 1.5        + 0.6
 ─────        ─────        ─────
   5.9          9.1          1.3

④            ⑤            ⑥
   4.8         32.0         63.3
 + 5.2        + 6.8        + 0.5
 ─────        ─────        ─────
  10.0         38.8         63.8
```

考え方 ❷ 小数のたし算の筆算も、整数の
筆算と同じように、位をたてにそろえて計
算します。
⑤、⑥小数点の位置をそろえて計算しま
しょう。

67. 15 小数 （67ページ）

❶ ①(ア)34　(イ)21　(ウ)13　(エ)0.4
　　(オ)0.1　(カ)0.3　②(キ)1.3　(ク)1.3

❷
①	②	③

①
```
  7.6
− 0.3
  7.3
```
②
```
  0.9
− 0.2
  0.7
```
③
```
  2.3
− 0.7
  1.6
```

④
```
    51
  36.3
− 14.6
  21.7
```
⑤
```
   51
  6.0
− 0.8
  5.2
```
⑥
```
   2101
  31.2
−  3.6
  27.6
```

考え方 ❷ ⑤6は6.0と考えて小数点の位置をそろえて計算します。

68. 16 2けたの数のかけ算 （68ページ）

❶ ①(ア)6　②(イ)18　(ウ)180　③(エ)180
❷ ①(ア)15　②(イ)10　(ウ)60　③(エ)600
❸ ①140　②240　③450
　④690　⑤740　⑥600

考え方 ❶ 6×30の答えは、6×3の答えを10倍した数になります。
❷ 15×40の答えは、15×4の答えを10倍した数になります。
❸ ②8×3の答えを10倍します。
　④23×3の答えを10倍します。
　⑥20×3の答えを10倍します。

69. 16 2けたの数のかけ算 （69ページ）

❶ ①(ア)360　(イ)384
　②(ウ)24　(エ)36　(オ)384

❷
①
```
   21
 × 14
   84
  21
  294
```
②
```
   13
 × 32
   26
  39
  416
```
③
```
   37
 × 21
   37
  74
  777
```

④
```
   16
 × 34
   64
  48
  544
```
⑤
```
   38
 × 22
   76
  76
  836
```

考え方 ❶ かける数が2けたになっても、筆算は位をたてにそろえて書き、一の位からじゅんに計算します。

```
   12  ┌ 30
 × 32  ┘  2
   24 …12×2
  360 …12×30
  384
```

70. 16 2けたの数のかけ算 （70ページ）

❶ ①3　②6　③270　④2835
❷ ①96　②9　③288　④2976
❸
①
```
    52
 ×  24
   208
   104
  1248
```
②
```
    66
 ×  34
   264
   198
  2244
```
③
```
    87
 ×  16
   522
    87
  1392
```

④
```
    36
 ×  28
   288
    72
  1008
```
⑤
```
    49
 ×  71
    49
   343
  3479
```
⑥
```
    43
 ×  92
    86
   387
  3956
```

考え方 ❸ 十の位の数をかけたとき、数字を書く場所がずれることに注意しましょう。

71. 16 2けたの数のかけ算 （71ページ）

❶ (ア)00　(イ)4　(ウ)920　(エ)0
❷ ①38　②2660
❸
①
```
   23
 × 30
  690
```
②
```
   28
 × 70
 1960
```
③
```
   79
 × 20
 1580
```

④
```
   85
 × 50
 4250
```
⑤
```
   46
 ×  5
  230
```
⑥
```
   82
 × 40
 3280
```

考え方 ❷ かけ算では、かけられる数と、かける数を入れかえて計算しても、答えは同じになります。70×38は38×70とすると、かんたんに筆算できます。

72. 16 2けたの数のかけ算 （72ページ）

❶ ①(ア)6360　(イ)7314
　②(ウ)954　(エ)636　(オ)7314

2 ①
```
    218
  ×  35
  1090
   654
  7630
```
②
```
    168
  ×  42
   336
   672
  7056
```
③
```
    316
  ×  13
   948
   316
  4108
```

④
```
    274
  ×  28
  2192
   548
  7672
```
⑤
```
    303
  ×  32
   606
   909
  9696
```

考え方 **2** （3けた）×（2けた）の筆算も
（2けた）×（2けた）と同じようにします。

73. | 16　2けたの数のかけ算　73ページ

❶ ①⑦25280 ①30336
②⑦5056　⑦2528　　⑦30336

❷ ①
```
    863
  ×  72
  1726
  6041
 62136
```
②
```
    794
  ×  63
  2382
  4764
 50022
```
③
```
    528
  ×  29
  4752
  1056
 15312
```

④
```
    506
  ×  42
  1012
  2024
 21252
```
⑤
```
    700
  ×  49
  6300
  2800
 34300
```

考え方 **2** 十の位の数をかけるときに、書
く場所をまちがえないように気をつけま
しょう。

74. | 16　2けたの数のかけ算　74ページ

❶ ①
```
    41
  ×22
    82
   82
   902
```
②
```
    24
  ×39
   216
    72
   936
```
③
```
    58
  ×46
   348
   232
  2668
```

④
```
    13
  ×93
    39
   117
  1209
```
⑤
```
    65
  ×48
   520
   260
  3120
```
⑥
```
    54
  ×70
  3780
```

⑦
```
    314
  ×  21
   314
   628
  6594
```
⑧
```
    224
  ×  43
   672
   896
  9632
```
⑨
```
    125
  ×  24
   500
   250
  3000
```

⑩
```
    528
  ×  30
  15840
```
⑪
```
    906
  ×  47
  6342
  3624
 42582
```
⑫
```
    794
  ×  60
  47640
```

2 式　85×34＝2890　答え　2890円
3 式　236×21＝4956　答え　4956円

考え方 **2** 85×34 を筆算で計算すると
次のようになります。
```
    85 ─30
  ×34 ─ 4
   340 …85×4
  2550 …85×30
  2890
```

3 236×21 を筆算で計算すると次のよ
うになります。
```
    236 ─20
  ×  21 ─ 1
    236 …236×1
   4720 …236×20
   4956
```

75. | 17　倍の計算　75ページ

❶ ①

②⑦3　　　①8　　　⑦24
③①48　　④⑦2　　⑦2
　⑦2　　　⑦6

76. | 18　そろばん　76ページ

❶ ⑦2　　①6
❷ ⑦2　　　①5　　　⑦3
❸ ⑦6　　　①10　　　⑦12
❹ ①95　　②22　　③7　　④2
　⑤12　　⑥8

考え方
❹ ⑤

77. 18 そろばん

❶ ⑦一　④千　⑦7　⑤10　⑦3

❷ ⑦$\frac{1}{10}$　　④0.7　　⑦1

❸ ①9万　②13万　③10万　④6万
　⑤11万　⑥6万　⑦3.9　⑧4.2
　⑨12.7　⑩6.3　⑪1.8　⑫0.4

考え方 ❸ 答えのけた数に注意して計算します。定位点の1つを一の位に決めて、それぞれの位を決めていきます。

---

78. かけ算のきまり／時こくと時間／たし算とひき算／わり算／長さ

❶ ①0　②7　③10　④8

❷ 1時間55分

❸ ①388　②749　③2885　④3035

❹ ①4　②6　③11　④3あまり1
　⑤7あまり7　⑥6あまり6

❺ ⑦4m19cm　④4m56cm

考え方 ❷ 図に表すと下のようになります。

9:15　10時　11時　11:10
1時間55分

⭐ ④、⑥あまりは、わる数より小さくなります。

⭐ ❺ 1めもりは1cmを表しています。

おうちのかたへ ❶ かけ算のきまりの問題です。それぞれのきまりを確認しましょう。
❸ たし算やひき算の筆算はくり上がりやくり下がりに注意して位ごとに計算します。

---

79. 表とぼうグラフ／10000より大きい数／円と球／かけ算の筆算

❶ ①⑦8
　②

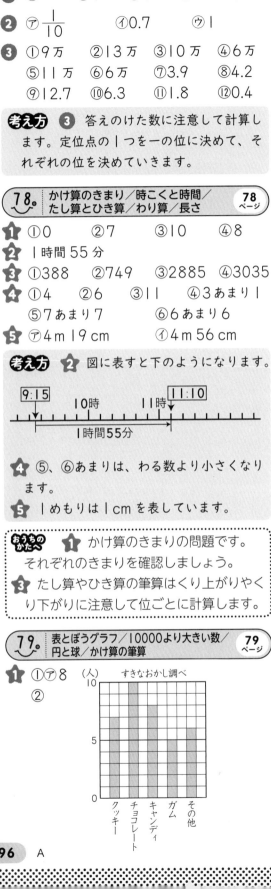

すきなおかし調べ
（人）
クッキー　チョコレート　キャンディ　ガム　その他

❷ ①86100203　②20007000

❸ 7.5cm

❹
①　18
　× 3
　54

②　26
　× 4
　104

③　279
　× 3
　837

④　697
　× 5
　3485

⑤　34
　×13
　102
　34
　442

⑥　49
　×76
　294
　343
　3724

⑦　538
　× 23
　1614
　1076
　12374

⑧　608
　× 68
　4864
　3648
　41344

考え方 ❶ 1めもりは1人を表します。

❷ ①

千万の位	百万の位	十万の位	万の位	千の位	百の位	十の位	一の位
8	6	1	0	0	2	0	3

❸ 直線アイの長さは、2.5cmの長さの3こ分なので、2.5×3=7.5になります。

---

80. 重さ／分数／□を使った式と図／小数

❶ 式　1300g－320g＝980g
　答え　980g

❷ ①$\frac{6}{7}$　②$\frac{5}{6}$　③$\frac{11}{21}$　④$\frac{3}{13}$

❸ 式　□＋12＝23　答え　11こ

❹ ①7.2　②27.2　③5　④30.9

考え方 ❶ （はかりのしめす重さ）－（かごの重さ）でもとめます。

❸ □にあてはまる数は、23－12＝11になります。

❹ ②、③小数点の位置に気をつけて計算します。

おうちのかたへ ❸ □を使った式と図で、たし算とひき算、かけ算とわり算の関係を勉強しました。式をうまく使って問題をときましょう。